业扩报装服务现场作业指导书

国网浙江省电力有限公司
国网浙江省电力有限公司杭州供电公司
组编

内 容 提 要

为进一步提升业扩报装管理水平和现场作业安全管控能力，顺应当前优化营商环境和提升服务质效的趋势，规范业扩报装现场服务内容、服务标准和服务流程，作者编写了本书。本书分低压部分和高压部分，分别梳理了业扩报装现场服务环节的工作程序、作业规范和注意事项等，编制包含业扩报装现场勘查、中间检查、竣工检验及送电（装表接电）等现场工作环节的作业标准，明确作业前准备、工作流程图、工作程序与作业规范、报告和记录4个方面的组织措施、注意事项、工器具准备和作业流程的工作要求。

本书针对性强、实用易操作，可作为各级供电企业从事业扩报装相关业务的作业规范和开展业务培训的参考材料。

图书在版编目（CIP）数据

业扩报装服务现场作业指导书 / 国网浙江省电力有限公司，国网浙江省电力有限公司杭州供电公司组编. —北京：中国电力出版社，2022.5
ISBN 978-7-5198-6466-8

Ⅰ. ①业… Ⅱ. ①国…②国… Ⅲ. ①用电管理–技术培训–教材 Ⅳ. ①TM92

中国版本图书馆CIP数据核字（2022）第013412号

出版发行：中国电力出版社
地　　址：北京市东城区北京站西街19号（邮政编码100005）
网　　址：http://www.cepp.sgcc.com.cn
责任编辑：崔素媛（010-63412392）
责任校对：黄　蓓　于　维
装帧设计：赵丽媛
责任印制：杨晓东

印　　刷：三河市百盛印装有限公司
版　　次：2022年5月第一版
印　　次：2022年5月北京第一次印刷
开　　本：787毫米×1092毫米　16开本
印　　张：5.75
字　　数：138千字
定　　价：35.00元

编 写 组

组　长　王伟福

副组长　侯素颖　许小卉

成　员　张伟峰　朱　军　吴梦遥　周　欢　章美丹　张　凯

颜　虹　邹志星　盛文虎　金　立　俞　刚　楼海星

王　钧　李国庆　张家浩　贾　磊　周　涛　李莹莹

钟晓剑　全燚帅　汪莹洁　芦鹏飞　许萧涵　徐文彪

楼冯梁　朱双双　楼纪明　王一华　李花琴　俞宙杰

季小雨　李　源　王舒颦　徐　君　陆　雯

前　言

Preface

随着营商环境的全面优化，业扩报装流程、时限要求和工作模式发生了很大变化，加强营销现场作业安全管控的重要性、紧迫性日益凸显。为进一步提升业扩报装管理水平和现场作业安全管控能力，顺应当前优化营商环境和提升服务质效的趋势，规范业扩报装现场服务内容、服务标准和服务流程，全面提升客户办电的便利性、满意度和获得感，实现我国“获得电力”指标持续提升，急需制定业扩报装现场服务标准化作业指导手册，指导业扩报装现场服务人员标准化开展作业和服务，提升业扩报装精益化管理水平。根据国家电网有限公司《关于规范营销现场作业安全管理的指导意见》（国家电网营销〔2020〕29号）以及《持续优化营商环境提升供电服务水平两年行动计划》要求，国网浙江省电力有限公司杭州供电公司（以下简称国网杭州供电公司）开展了报装接电专项治理行动，并承担了国家电网公司总部《业扩报装服务现场标准化作业指导书》的编制工作。

本书透明化“阳光业扩”，统一标准要求，本着提升客户服务体验及满意度，同时进一步优化健全营销现场作业安全管控体系，贯彻安全发展理念和安全红线意识，按照“安全第一、预防为主、综合治理”的主导思想，从低压、高压两个主要业务流程出发，以条目说明和列表的方式，详细列明现场作业安全风险点和预控措施，全面提升营销现场作业安全管控能力，坚决杜绝营销现场作业重大安全责任事故、营销专业人身死亡事故、营业场所重大火灾事故，确保公司营销安全生产局面稳定。

本书由国网浙江省电力有限公司及国网杭州供电公司的技术专家编写，经过各供电公司的试用，根据现场反馈意见进行了修订。本书在编写过程中得到了国网浙江省电力有限公司各单位的大力支持，在此表示诚挚的谢意！

限于编者水平和时间，不妥之处在所难免，希望各位专家、同行及时提出宝贵意见，以便适时修订完善。

作　者

2021年12月

目　录
Contents

第2部分　高　压　部　分

第 1 部分

低压部分

1 范围

本作业指导书规定了业扩报装现场勘查、中间检查、竣工检验及送电（装表接电）等现场工作的标准化作业内容。

本作业指导书适用于国家电网有限公司系统各单位。

2 规范性引用文件

下列文件对于本指导书的应用是必不可少的。凡是注日期的引用文件，仅注日期的版本适用于本指导书。凡是不注日期的引用文件，其最新版本（包括所有的修改版）适用于本指导书。

GB/T 28583—2012《供电服务规范》

DL/T 448—2016《电能计量装置技术管理规程》

Q/GDW 1799.1—2013《国家电网公司电力安全工作规程（变电部分）》

《国家电网公司电力安全工作规程（配电部分）（试行）》

国家电网营销〔2010〕1247 号《国家电网公司业扩供电方案编制导则》

国家电网办〔2018〕1028 号《持续优化营商环境提升供电服务水平两年行动计划（2019—2020 年）》

国家电网企管〔2019〕431 号《国家电网有限公司业扩报装管理规则》

国家电网营销〔2020〕29 号《国家电网有限公司关于规范营销现场作业安全管理的指导意见》

《国家电网有限公司员工服务“十个不准”（修订版）》

《营销业扩报装工作全过程防人身事故十二条措施（试行）》

《营销业扩报装工作全过程安全危险点辨识与预控手册（试行）》

办稽查〔2009〕76 号《国家电力监管委员会用户受电工程“三指定”行为认定指引（试行）》

3 术语和定义

下列术语和定义适用于本指导书。

3.1 客户受电工程

供电企业直供范围内由客户出资、属客户资产的新装或增容供电工程、用电变更工程等。

3.2 三指定

供电企业滥用独占经营权，直接、间接或者变相指定客户受电工程的设计、施工和设备材料供应单位，限制和排斥其他单位的公平竞争，侵犯客户自由选择权的行为。

设备材料供应单位包括设备材料供应商和设备材料生产厂家。

3.3 隐蔽工程

对受电工程涉及接地部分、暗敷管线等与电气安装质量密切相关，且影响电网系统和客户安全用电，并需要覆盖、掩盖的工程。

3.4 重要和特殊客户

高危及重要电力客户、多电源客户、专线客户、有自备电源的客户和有波动负荷、冲击负荷、不对称负荷等对电能质量有影响需开展电能质量评估的客户。

3.5　低压客户

采用单相 220V、三相 380V 供电方式供电的客户。

4　作业前准备

4.1　准备工作安排

4.1.1　现场勘查准备工作

（1）核对客户申请资料。接受工作任务后，应核查客户申请资料、信息的完整性，了解、掌握客户的基本情况、供电需求、负荷特性等业扩报装基本信息。

（2）预约联系。与客户沟通确认现场勘查时间，若需其他部门联合查勘时，应提前告知。

（3）准备勘查单、作业卡。打印或填写现场勘查单、营销现场安全作业卡。

（4）预领表计、采集设备。携带表计、采集设备进行现场勘查并收资，现场具备直接装表条件可完成装表接电；若现场不具备直接装表条件，应确定并当场答复供电方案，同步提供施工简图和要求。

（5）作业前应正确佩戴好安全帽，保持仪容仪表整洁干净，佩戴好工作证件、着统一工装、穿好绝缘鞋，并携带所需工器具。

（6）检查移动作业终端，并下载工作任务单。

（7）作业前的组织和技术措施参照《国家电网公司电力安全工作规程（配电部分）（试行）》要求。

4.1.2　装表接电准备工作

（1）核对客户申请资料。接受工作任务后，应核查客户资料、信息的完整性，若有问题应准备收资清单。

（2）预约联系。与客户沟通确认装表接电时间。

（3）准备计量装接单、作业卡。打印或填写计量装接单、营销现场安全作业卡。

（4）领取表计、采集设备。携带表计、采集设备进行装表，若用户前期资料提供不完整，应进行收资。

（5）作业前应正确佩戴好安全帽，保持仪容仪表整洁干净，佩戴好工作证件、着统一工装、穿好绝缘鞋，并携带所需工器具。

（6）检查移动作业终端，并下载工作任务单。

（7）作业前的组织和技术措施参照《国家电网公司电力安全工作规程（配电部分）（试行）》要求。

4.2　材料和备品、备件

材料和备品、备件见表 1–4–1。

表 1–4–1　　材料和备品、备件

序号	名称	型号及规格	单位	数量	备注
1	电能表	根据客户类别配置	只	根据作业需求	
2	采集设备		只		
3	表箱		只		

续表

序号	名称	型号及规格	单位	数量	备注
4	倍率标签		张	根据作业需求	
5	接线标识标签		张		
6	封印		颗		
7	电流互感器		只		
8	互感器垫片		片		
9	螺丝		个		
10	绝缘导线		m		
11	绝缘胶带		卷		
12	联合接线盒		个		
13	扎带		袋		
14	RS485 通信线		m		
15	号码管		个		
16	水晶头		个		

4.3 工器具和仪器仪表

工器具和仪器仪表见表 1–4–2。

表 1–4–2　　工器具和仪器仪表

序号	名称	型号及规格	单位	数量	安全要求
1	安全帽		顶/人	1	（1）常用工具金属裸露部分应采取绝缘措施，并经检验合格。螺丝刀除刀口以外的金属裸露部分应用绝缘胶布包裹。 （2）仪器仪表安全工器具应检验合格，并在有效期内。 （3）其他：根据现场需求配置
2	绝缘手套		副/人	1	
3	棉纱防护手套		副/人	1	
4	护目镜		只	1	
5	个人保安线		条	1	
6	移动作业终端		只	1	
7	照明工具		只/人	1	
8	相机		台	1	
9	测量工具（测距仪、卷尺等）		只	1	
10	工具包		只	1	
11	警示围栏、警示标志		套	1	

4.4 技术资料

客户申请所需资料清单详见第 1 部分 7.1 申请资料清单（范本模板）。

4.5 危险点分析及预防控制措施

危险点分析及预防控制措施见表 1–4–3。

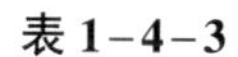

表 1-4-3　　危险点分析及预防控制措施

分类	现场安全作业关键风险点	预控措施
现场作业	使用不合格的个人防护用品，或使用的防护用品不齐全。进入作业现场未按规定正确佩戴安全帽、着装	1. 进入作业现场，必须穿全棉长袖工作服、绝缘鞋（靴）、戴安全帽，低压作业戴低压作业防护手套。 2. 工作负责人监督工作班成员正确使用劳动防护用品
	擅自操作客户设备	1. 明确产权分界点，加强监护，严禁操作客户设备。 2. 确需操作的，必须由用户专业人员进行
	接触金属表箱前未进行验电	工作前要使用验电笔对金属计量箱、终端箱外壳及金属裸露部分进行验电，并确认计量箱外壳可靠接地
	工作人员注意力不集中，未注意地面的沟坑、洞和施工机械，从事与工作无关的事情	工作人员应保持精力集中，注意地面的沟、坑、洞和基建设备等，防止摔伤、碰伤
	误碰带电设备触电，误入运行设备区域触电、客户生产危险区域	1. 要求客户方或施工方进行现场安全交底，做好相关安全技术措施，确认工作范围内的设备已停电，安全措施符合现场工作需要，明确设备带电与不带电部位、施工电源供电区域。 2. 工作人员应在客户电气工作人员的带领下进入工作现场，并在规定的工作范围内工作，应清楚了解现场危险点、安全措施等情况。 3. 不得随意触碰、操作现场设备，防止触电伤害
	高空抛物	高处作业上下传递物品，不得投掷，必须使用工具袋并通过绳索传递，防止从高空坠落发生事故
	仪器仪表损坏	规范使用仪器仪表，选择合适的量程
	查看带电设备时，安全措施不到位，安全距离不满足，误碰带电设备	1. 现场查看负责人应具备单独巡视电气设备资格。 2. 进入带电设备区现场勘查工作至少两人共同进行，实行现场监护。 3. 勘查人员应掌握带电设备的位置，与带电设备保持足够安全距离，注意不要误碰、误动、误登运行设备
	特殊作业区域未做好个人防护	1. 根据作业区域的不同，采取不同的防护等级。 2. 原则上不进入隔离病区等区域，如进入须在专业的医务人员指导下穿戴防护用品，严格执行防护措施

5　工作流程图

低压业扩报装服务现场作业主要分查勘和装表接电两个环节，下面以最佳的步骤和顺序，将接受任务到资料归档的全过程以流程图形式表达，如图 1-5-1 所示。

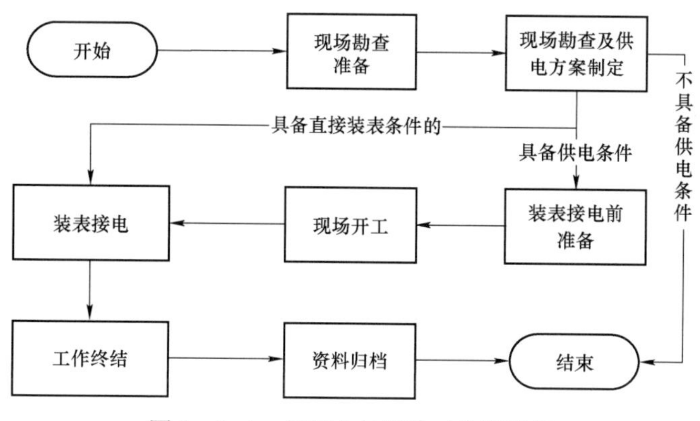

图 1-5-1　低压业扩报装工作流程图

6 工作程序与作业规范

6.1 工作组织措施

6.1.1 工作组织

（1）工作组织措施参照《国家电网有限公司电力安全工作规程（配电部分）（试行）》要求。

（2）低压新装接电使用低压工作票的，同一停电范围内的接电、断电点可使用一张工作票。由供电企业签发，由运行单位设备主人许可，由装接班成员或业务外包单位人员担任工作负责人。

6.1.2 人员职责

人员职责见表1-6-1。

表1-6-1　　人　员　职　责

序号	人员类别	职责	作业人员要求
1	工作负责人（客户经理）	（1）正确安全的组织工作。 （2）负责检查作业卡所列安全措施是否正确完备、是否符合现场实际条件，必要时予以补充。 （3）工作前对工作班成员进行危险点告知。 （4）严格执行作业卡所列安全措施。 （5）督促、监护工作班成员遵守电力安全工作规程，正确使用劳动防护用品和执行现场安全措施。 （6）工作班成员精神状态是否良好，变动是否合适。 （7）交代作业任务及作业范围，掌控作业进度，完成作业任务。 （8）监督工作过程，保障作业质量	要求1人
2	专责监护人	（1）明确被监护人员和监护范围。 （2）作业前对被监护人员交代安全措施，告知危险点和安全注意事项。 （3）监督被监护人遵守电力安全工作规程和现场安全措施，及时纠正不安全行为。 （4）负责所监护范围的工作质量	对有触电危险、检修（施工）复杂容易发生事故的工作应增设专责监护人
3	工作班成员	（1）熟悉工作内容、作业流程，掌握安全措施，明确工作中的危险点，并履行确认手续。 （2）严格遵守安全规章制度、技术规程和劳动纪律，对自己工作中的行为负责，互相关心工作安全，并监督电力安全工作规程的执行和现场安全措施的实施。 （3）正确使用安全工器具和劳动防护用品。 （4）完成工作负责人安排的作业任务并保障作业质量	根据作业内容与现场情况确定作业人数
4	客户	（1）对自己工作中的行为负责，互相关心工作安全，并监督现场安全措施的实施。 （2）正确使用安全工器具和劳动防护用品。 （3）进行现场安全交底，做到对现场危险点、安全措施等情况清楚了解。 （4）在危险区域按规定设置警示围栏或警示标志	根据作业内容与现场情况确定作业人数

6.1.3 人员要求

工作人员的身体、精神状态，工作人员的资格包括作业技能、安全资质等，具体见

表1-6-2。

表1-6-2 人 员 要 求

序号	内容	人员类型
1	（1）熟悉《电力法》《电力供应与使用条例》《供电营业规则》《合同法》及上级有关电力营业管理文件。 （2）熟悉电力生产过程和电力系统、变电站电气设备基本原理。 （3）掌握国家的电价电费政策和电力营销的管理制度、业务流程、各项用电收费标准。 （4）掌握电价电费计算、供用电业务、电能计量、用电检查、市场开拓等有关的专业技术理论知识。 （5）了解相关行业用电客户的用电性质、负荷性质和用电特点，了解有关电气设计、施工、验收的技术标准、规程。 （6）工作负责人应由有本专业工作经验、熟悉工作范围内的设备情况、熟悉《国家电网公司电力安全工作规程（配电部分）（试行）》，并经工区（车间）批准的人员担任，名单应公布	工作负责人（客户经理）
2	专责监护人应由具有相关专业工作经验，熟悉工作范围内的设备情况和《国家电网公司电力安全工作规程（配电部分）（试行）》的人员担任	专责监护人
3	（1）经医师鉴定，无妨碍工作的病症（体格检查每两年至少一次）；身体状态、精神状态应良好。 （2）具备必要的电气知识和业务技能，且按工作性质，熟悉《国家电网公司电力安全工作规程（配电部分）（试行）》的相关部分，并应经考试合格。 （3）具备必要的安全生产知识，学会紧急救护法，特别要学会触电急救。 （4）熟悉本作业指导书，并经上岗培训、考试合格	工作班成员
4	熟悉厂区情况、用电性质、用电需求情况	客户

6.2 现场勘查制度

（1）使用第一种工作票的工作，应按规定进行现场勘察。其他复杂工作及工作负责人或签发人认为有必要时应进行现场勘察。

（2）现场勘察应查看营销作业需要停电的范围、保留的带电部位、交叉跨越、多路供电电源、自备电源、施工电源、分布式电源、地下管线设施和作业现场的条件、环境及其他影响作业的危险点，并提出针对性的安全措施和注意事项。

（3）加强运检与营销信息互通。应及时掌握相关设备状态信息的变化情况，特别是接入点相关设备状态以及电气分界点的接线状况。

6.3 技术措施

（1）工作技术措施参照《国家电网公司电力安全工作规程（配电部分）（试行）》要求。

（2）现场勘查、装表接电工作由营销部门负责牵头，组织相关部门人员参加。

1）现场勘查工作时限为受理客户申请后1个工作日。

2）装表接电时限：对于无配套电网工程的低压居民客户，在正式受理用电申请后，2个工作日内完成装表接电工作；对于有配套电网工程的低压居民客户，在工程完工当日装表接电；对于无配套电网工程的低压非居民客户，在正式受理用电申请后3个工作日内完成装表接电工作；对于有配套电网工程的低压非居民客户，在工程完工当日装表接电。

（3）业扩报装全环节应该遵守客户保卫保密规定，不准泄露客户的商业秘密。

（4）进入客户设备运行区域，必须穿纯棉长袖工作服、戴安全帽，携带必要的照明器材。

（5）现场作业人员需攀登杆塔或梯子（临时楼梯）时，要落实防坠落措施，并在有效的监护下进行。

（6）现场作业人员不得在高空落物区通行或逗留。

（7）注意观察现场孔（洞）及锐物，人员相互提醒，防止踏空、扎伤。

（8）对有临时用电的客户，勘查人员应掌握带电设备的位置，与带电设备保持足够安全距离，注意不要误碰、误动、误登运行设备。严格监督带电设备与周围设备及工作人员的安全距离是否足够，不得操作客户设备。对客户设备状态不明时，均视为运行设备。

（9）现场作业人员现场作业时应核对客户现场相关信息与工单是否一致。现场记录应完整、翔实、准确。

（10）现场作业人员必须遵守 GB/T 28583—2012《供电服务规范》和《国家电网公司员工服务“十个不准”》等规定。

6.4 工器具准备

工器具准备见表 1-6-3。

表 1-6-3　　工 器 具 准 备

<table>
<tr><th>序号</th><th>名称</th><th>型号及规格</th><th>单位</th><th>数量</th><th>安全要求</th></tr>
<tr><td>1</td><td>安全帽</td><td></td><td>顶/人</td><td>1</td><td rowspan="10">（1）常用工具金属裸露部分应采取绝缘措施，并经检验合格。螺丝刀除刀口以外的金属裸露部分应用绝缘胶布包裹。
（2）仪器仪表安全工器具应检验合格，并在有效期内。
（3）其他：根据现场需求配置</td></tr>
<tr><td>2</td><td>绝缘手套</td><td></td><td>副/人</td><td>1</td></tr>
<tr><td>3</td><td>棉纱防护手套</td><td></td><td>副/人</td><td>1</td></tr>
<tr><td>4</td><td>护目镜</td><td></td><td>只</td><td>1</td></tr>
<tr><td>5</td><td>个人保安线</td><td></td><td>个</td><td>1</td></tr>
<tr><td>6</td><td>移动作业终端</td><td></td><td>只</td><td>1</td></tr>
<tr><td>7</td><td>照明工具</td><td></td><td>只/人</td><td>1</td></tr>
<tr><td>8</td><td>相机</td><td></td><td>台</td><td>1</td></tr>
<tr><td>9</td><td>测量工具
（测距仪、卷尺等）</td><td></td><td>只</td><td>1</td></tr>
<tr><td>10</td><td>工具包</td><td></td><td>只</td><td>1</td></tr>
<tr><td>11</td><td>警示围栏、警示标志</td><td></td><td>套</td><td>1</td><td></td></tr>
</table>

6.5 作业流程、内容及要求

6.5.1 现场勘查准备

（1）根据工作计划，接受任务安排，并打印现场勘查工作任务单。

（2）核查资料、信息的准确性、完整性，打印《低压现场勘查单》。如存在问题应立即联系客户进行确认。客户申请所需资料清单详见第 1 部分 7.1 申请资料清单（范本模板）。

（3）了解、掌握客户的基本情况、供电需求、负荷特性等业扩报装基本信息。

（4）与客户预约现场勘查时间，规划好勘查路线；若需其他部门联合勘查时，应提前告知。

（5）作业前应正确佩戴好安全帽，保持仪容仪表整洁干净，佩戴好工作证件、着统一工装、穿好绝缘鞋，并携带所需工器具。

（6）检查移动作业终端，并下载工作任务单。

6.5.2 现场勘查及供电方案制定

（1）补收资料。勘查人员应提醒客户提前准备“承诺书”中约定在其他时间或其他环节提供的缺件资料。

（2）工作负责人（客户经理）布置工作任务、人员分工、安全措施和注意事项。

（3）要求客户方进行现场安全交底，做到对现场危险点、安全措施等情况清楚了解。要求客户方或施工方在危险区域按规定设置警示围栏或警示标志。

（4）调查客户的基本情况。

1）通过调查、核对，了解客户名称、用电地址、法定代表人、电气联系人、联系电话等是否与客户提供的申请资料对应。

2）通过调查、核对，对照相关法律、法规，确认客户申请用电项目的合法性，内容包括：核对用电地址的国有资源使用、法人资格有效性及项目的审批及用电设备使用是否符合国家相关法律、法规的规定等。

3）通过询问，了解客户主要用电设备（是否存在三相用电设备）、用电容量，并填写《低压现场勘查单》主要用电设备清单栏，调查、核对客户有无冲击负荷、非对称负荷及谐波源设备；了解客户用电设备对电能质量及供电可靠性的要求；了解客户是否有多种性质的负荷存在。

4）通过询问，了解客户有无热泵、蓄能锅炉、冰蓄冷技术等设备的应用计划。

5）通过询问，了解资金运作及信用情况，拟订客户电费支付保证措施实施的方式及可行性。

6）通过询问，了解客户用能设备是否具备电能替代条件，并推荐替代方案。

7）通过询问，了解客户是否存在分布式光伏等综合能源业务需求。

（5）调查客户受电点的情况。

1）现场了解、核查客户用电地址待建（已建）建（构）筑物对系统网架及电网规划等是否造成影响。

2）现场核查、确认客户的用电负荷中心；通过查看建筑总平面图、配电设施设计资料等方式，初步确定配电站的位置。

3）确认初步确定的配电站与周边建筑的距离是否符合规定要求。

（6）确定客户受电容量和供电电压及供电电源点的数量。

1）通过调查、核对，根据《国家电网公司业扩报装管理规定》及《国家电网公司业扩供电方案编制导则》规定居住区住宅用电容量配置：居住区住宅及公共服务设施用电容量的确定应综合考虑所在城市的性质、社会经济、气候、民族、习俗及家庭能源使用的种类；建筑面积在 $50m^2$ 及以下的住宅用户每户容量不小于 4kW，大于 $50m^2$ 的住宅用电每户容量宜不小于 8kW。

2）通过调查、核对，了解客户用电设备的实际分布及综合使用情况。

3）根据客户的综合用电状况，合理选用需要系数法、二项式系数法、产品单耗定额法或负荷密度等方法计算负荷，并确定客户供电容量。

4）对照相关标准，根据客户用电地址、初定的总受电容量、用电设备对电能质量的要求、用电设备对电网的影响、周边电网布局，结合电网的近远期规划，初定客户的供电电压。

5）根据客户的负荷特性，对供电的要求，结合相关规定，拟定客户供电电源点的数量及电源点之间的关联关系。

（7）确定电源接入方案及配套工程方案。

1）确定电源接入方案。① 根据初定的客户受电容量、供电电压及供电电源点数量要求，结合周边的电网布局、电网的供电能力，供电点的周边负荷发展趋势及局部电网规划，拟定供电电源接入方案；② 根据拟定的电源接入方案，结合被接入电源设备状况，初步确定电源接入点的位置（接电间隔、接户杆）及接电方案；③ 初步确定电源引入方案（包括进线方式及走向），并初步确定实施的可能性。

2）确定配套工程方案。① 全额承担小微企业电能表（含表箱）及以上供配电设施投资建设、政策处理等费用，实现客户外部接入工程“零投资”；② 根据用电容量、接入电力走廊、土建建设方案和政策协调等信息，评价供配电设施状态，参照低压接户及表箱装置标准，详见第 1 部分 7.3 低压现场勘查单（范本模板），制定业扩配套方案，并由施工单位按照现场施工工作量，填写低压业扩配套工程现场查勘单/图。

（8）确定计费、计量方案。

1）根据客户用电设备实际使用情况，客户的用电负荷性质、客户的行业分类，对照国家的电价政策，初步确定客户受电点的计费方案。

2）根据初定的供电方式、核定的供电容量以及初定的计费方案，拟定合理的计量方案。

3）根据拟定的计量方案，初步完成计量装置的配置和计量装置安装形式、安装位置的确定工作。

（9）拟定勘查意见。

1）现场不具备供电条件的，应在勘查意见中说明原因，并向客户做好解释工作。申请不符合国家法律法规；违约用电、窃电嫌疑等异常情况。将工单结束，待具备供电条件后，重新启动业扩报装流程。

2）现场具备供电条件的，原则上采用供电方案立答方式直接答复客户，对于因电网受限采用先接入、后改造方式。完成工单现场勘查环节并下发。

3）具备直接装表条件的，在勘查确定供电方案后立即开展装表接电工作。

4）现场应用移动作业终端，应用辅助电源系统设计开展供电方案编制，完成现场勘查环节并下发至下一环节。

6.5.3 装表接电工作前准备

1. 工作预约

提前联系客户，约定现场装接时间，避免客户对供电方案及装接时间不满意引起投诉。

2. 办理工作票

（1）依据工作任务填写工作票。

（2）办理工作票签发手续。使用第一种工作票时，应由供电企业和客户共同执行双签发制度。供电方安全负责人对工作的必要性和安全性、工作票上安全措施的正确性、所安排工作负责人和工作人员是否合适等内容负责。客户方工作票签发人对工作的必要性和安全性、工作票上安全措施的正确性等内容审核确认。

（3）如果是基建项目等，可填写施工作业任务单。

3. 领取材料

凭业扩工作票领取所需配套物资及计量装置（导线、表箱、电能表、封印等），并核对所领取的材料是否符施工要求。

（1）核对表箱、电能表、采集器、封印等资产信息，避免错领，引发电费纠纷。

（2）检查电能表和互感器的外观和封印是否存在缺损，避免新投运的计量装置存在缺陷。

6.5.4　现场开工

1. 办理工作票许可

（1）办理工作票许可手续。使用第一种工作票时，应由供电企业和客户共同执行双许可制度。双方在工作票上签字确认。客户方由具备资质的电气工作人员许可，并对工作票中安全措施的正确性、完备性、现场安全措施的完善性以及现场停电设备有无突然来电的危险负责。

（2）落实现场安全措施，防止因安全措施未落实引起人身伤害和设备损坏。

2. 检查并确认安全工作措施

（1）涉及停电作业的应实施停电、验电、挂接地线或合上接地刀闸、悬挂标示牌后方可工作。工作负责人应会同工作票许可人确认停电范围、断开点、接地、标示牌正确无误。工作负责人在作业前应要求工作票许可人当面验电；必要时工作负责人还可使用自带验电器（笔）重复验电。

（2）应在作业现场装设临时遮栏，将作业点与邻近带电间隔或带电部位隔离。工作中应保持与带电设备的安全距离。

6.5.5　装表接电

1. 客户受电工程验收

（1）低压客户受电工程验收由现场工作人员在装表接电时同步完成。

（2）受电电工程验收范围为：进户线缆、配电装置及分户计量箱。

（3）按照国家标准、行业标准、规程，对受电工程涉网部分进行全面检验。对于发现缺陷的，应以受电工程竣工检验意见单的形式，一次性告知客户，复验合格后方可接电。

（4）查验收内容主要包括：电源接入方式、受电容量、电气主接线、运行方式、无功补偿、自备电源、计量配置、保护配置等是否符合供电方案；电气设备是否符合国家的政策法规，以及国家、行业等技术标准，是否存在使用国家明令禁止的电气产品；试验项目是否齐全、结论是否合格；计量装置配置和接线是否符合计量规程要求，用电信息采集及负荷控制装置是否配置齐全，是否符合技术规范要求；冲击负荷、非对称负荷及谐波源设备是否采取有效的治理措施；双（多）路电源闭锁装置是否可靠，自备电源管理是否完善、单独接地、投切装置是否符合要求；重要电力用户保安电源容量、切换时间是否满足保安负荷用电需求，非电保安措施及应急预案是否完整有效；电气设备是否符合国家的政策法规，以及国家、行业等技术标准，是否存在使用国家明令禁止的电气产品；双（多）路电源闭锁装置是否可靠，自备电源管理是否完善、单独接地、投切装置是否符合要求；重要电力用户保安电源容量、切换时间是否满足保安负荷用电需求，非电保安措施及应急预案是否完整有效。

2. 装表

（1）按《电能计量装接单》装表，遵守 DL/T 448—2016《电能计量装置技术管理规程》规定。

（2）装表结束后，正确记录电能表各项读数，对电流互感器二次接线端盒、电能表端钮盒盖、接线盒盖、计量柜（箱）门进行封印，记录封印编号，并拍照留证。

（3）将所有封印正确记录在《电能计量装接单》上。

3. 接电

（1）现场作业人员在确定送电前应确认用户提交的资料是否完整，并核实：供、受电工程及配套工程已验收合格，供用电合同已签订、相关业务费用已结清、电能计量装置已安装并检验合格、停送电计划已经审批。

（2）在正式接电（送电）前还应做好相关检查工作：核查电能计量装置的封印是否齐全；检查一次设备是否正确连接，接电（送电）现场是否工完、料尽、场清；检查接电（送电）前的安全措施是否到位，所有接地线是否拆除，所有无关人员是否已离开作业现场；检查客户自备应急电源与电网电源的切换装置和联锁装置是否可靠。

（3）低压客户装表与接电同时完成。

（4）送电时，不得替代客户操作客户电气设备，操作过程中发现疑问时，应立即停止送电，查明原因后方可继续。

（5）送电后，现场作业人员应全面检查设备的运行状况、核对用户的相位及相序，检查电能计量装置、用电信息采集终端是否正常运行。

（6）送电结束后使用移动作业终端将流程发送至下一环节。

6.5.6 工作终结

（1）清理现场。现场作业完毕，工作班成员应清点个人工器具并清理现场，做到工完料净场地清。

（2）办理工作票终结。工作负责人填写工作票，办理工作票终结手续，拆除现场安全措施。

（3）工作负责人请客户确认电能表的示数及封印完好，并在《电能计量装接单》上签字盖章。

6.5.7 资料归档

（1）推广应用营销档案电子化，逐步取消纸质工单，实现档案信息的自动采集、动态更新、实时传递和在线查阅。在送电后 3 个工作日内，收集、整理并核对归档信息和资料，形成归档资料清单。

（2）制订客户资料归档目录，核查客户档案资料，确保完整准确。如果档案信息错误或信息不完整，则发起纠错流程。具体要求如下：

1）档案资料应保留原件，确不能保留原件的，保留与原件核对无误的复印件。供电方案答复单、供用电合同及相关协议必须保留原件。

2）档案资料应重点核实有关签章是否真实、齐全，资料填写是否完整、清晰。

3）各类档案资料应满足归档资料要求。档案资料相关信息不完整、不规范、不一致的，应退还给相应业务环节补充完善。

4）业务人员应建立客户档案台账并统一编号建立索引。

7　报告和记录

本标准化作业指导书形成的报告和记录见表 1–7–1。

表 1–7–1　　报告和记录

序号	编号	名称	保存期限	保存地点
1	7.1	申请资料清单	不少于 1 年	档案室
2	7.2	用电申请缺件通知书		班组
3	7.3	低压现场勘查单		档案室
4	7.3.1	低压业扩配套工程现场查勘单		档案室
5	7.3.2	低压接户及表箱装置标准		档案室
6	7.4	低压电能计量装接单		档案室
7	7.5	客户受电工程竣工检验意见单		档案室
8	7.6	受电工程缺陷整改通知单		班组
9	7.7	客户受电工程竣工检验现场工作卡		档案室
10	7.8	新装（增容）送电现场工作卡		班组
11	7.9	业扩报装现场作业安全卡		档案室
12	7.10	配电第一种工作票		班组
13	7.11	配电第二种工作票		班组
14	7.12	低压工作票		班组
15	7.13	低压客户档案资料内容清单		班组

7.1 申请资料清单（范本模板）

国家电网
STATE GRID
你用电·我用心
Your Power Our Care

申请资料清单

资料名称	资料说明	备注
1. 自然人有效身份证明	身份证、军人证、护照、户口簿或公安机关户籍证明	以个人名义办理，仅限居民生活用电
2. 法人代表（或负责人）有效身份证明复印件	同自然人	以法人或其他组织名义办理
3. 法人或其他组织有效身份证明	营业执照（或组织机构代码证，宗教活动场所登记证，社会团体法人登记证书，军队、武警出具的办理用电业务的证明）	
4. 房屋产权证明或其他证明文书	（1）《房屋所有权证》《国有土地使用证》《集体土地使用证》； （2）《购房合同》； （3）含有明确房屋产权判词且发生法律效力的法院法律文书（判决书、裁定书、调解书、执行书等）； （4）若属农村用房等无房产证或土地证的，须由所在镇（街道、乡）及以上政府或房管、城建、国土管理部门根据所辖权限开具产权合法证明	申请永久用电 左边所列四项之一
	（1）私人自建房：提供用电地址产权权属证明资料； （2）基建施工项目：土地开发证明、规划开发证明或用地批准等； （3）市政建设：工程中标通知书、施工合同或政府有关证明； （4）住宅小区报装：用电地址权属证明和经规划部门审核通过的规划资料（如规划图、规划许可证等）； （5）农田水利：由所在镇（街道、乡）及以上政府或房管、城建、国土管理部门根据所辖权限开具产权合法证明	申请临时用电左边所列四项之一
5. 授权委托书	自然人办理时不需要	委托代理人办理时必备
6. 经办人有效身份证明	同自然人	
7. 房屋租赁合同		租赁户办理提供
8. 承租人有效身份证明	同自然人	
9. 一般纳税证明	银行开户信息（包括开户行名称、银行账号等）	开具增值税发票提供
10. 重要用户等级申报表和重要负荷清单		需列入重要电力用户提供
11. 政府主管部门核发的能评、环评意见		按照政府要求提供
12. 涉及国家优待电价的，应提供政府有权部门核发的意见		享受国家优待电价提供

7.2　用电申请缺件通知书（范本模板）

国家电网
STATE GRID
你用电·我用心
Your Power　Our Care

用电申请缺件通知书

<table>
<tr><td colspan="2">用户申报办理的______________________________用电申请，所报材料尚缺如下：</td></tr>
<tr><td colspan="2">（1）</td></tr>
<tr><td colspan="2">（2）</td></tr>
<tr><td colspan="2">（3）</td></tr>
<tr><td colspan="2">（4）</td></tr>
<tr><td colspan="2">（5）</td></tr>
<tr><td colspan="2">（6）</td></tr>
<tr><td colspan="2">（7）</td></tr>
<tr><td colspan="2">（8）</td></tr>
<tr><td colspan="2">（9）</td></tr>
<tr><td colspan="2">（10）</td></tr>
<tr><td colspan="2">（11）</td></tr>
<tr><td colspan="2">（12）</td></tr>
<tr><td>供电企业经办人：

联系电话：</td><td>收件人：

联系电话：</td></tr>
<tr><td colspan="2">补齐材料日期：　　　　　　年　　月　　日</td></tr>
</table>

浙电营 30-2015

第一联：存根联

7.3 低压现场勘查单（范本模板）

国家电网
STATE GRID
你用电·我用心
Your Power Our Care

低压现场勘查单

客户基本信息				
户　　号		申请编号		（档案标识二维码，系统自动生成）
户　　名				
联系人		联系电话		
客户地址				
申请备注				

现场勘查人员核定			
申请用电类别		核定情况：是□　否□______	
申请行业分类		核定情况：是□　否□______	
申请供电电压		核定供电电压：220V □　380V □	
申请用电容量		核定用电容量：	
接入点信息	包括电源点信息、线路敷设方式及路径、电气设备相关情况		
受电点信息	包括受电设施建设类型、主要用电设备特性		
计量点信息	包括计量装置安装位置		
其他			

主要用电设备				
设备名称	型号	数量	总容量（kW）	备注
供电简图：				
勘查人（签名）		勘查日期	年　　月　　日	

7.3.1 低压业扩配套工程现场查勘单/图（范本模板）

低压业扩配套工程现场查勘单

<table>
<tr><td colspan="13">查勘日期：</td></tr>
<tr><td>流程号</td><td>户号</td><td>户名</td><td>地址</td><td>查勘人员</td><td>查勘人员联系方式</td><td>申请容量（kW）</td><td>电源点</td><td>停电范围</td><td>所需材料</td><td>备注</td><td>接入点编码</td><td>表箱编码</td></tr>
<tr><td rowspan="2"></td><td rowspan="2"></td><td rowspan="2"></td><td rowspan="2"></td><td>用检：</td><td></td><td rowspan="2"></td><td rowspan="2"></td><td rowspan="2"></td><td rowspan="2"></td><td rowspan="2">低压非居民增容</td><td rowspan="2"></td><td rowspan="2"></td></tr>
<tr><td>运检：</td><td></td></tr>
<tr><td colspan="2" rowspan="2">低压线路勘察情况</td><td colspan="11">电缆接户（附查勘图）：
（1）配电变压器出线开关：　（2）至 T 接箱电缆：
（3）T 接箱空气开关：　（4）接户电缆：</td></tr>
<tr><td colspan="11">架空线接户（附查勘图）：
（1）配电变压器出线开关：　（2）至接户杆线路：
（3）接户杆：　（4）接户线/电缆：</td></tr>
<tr><td colspan="2">低压线路改造需求</td><td colspan="6"></td><td colspan="3">是否涉及土建</td><td colspan="2"></td></tr>
<tr><td colspan="2">用户产权分界点</td><td colspan="6"></td><td colspan="3">配电变压器最高负载率</td><td colspan="2"></td></tr>
</table>

低压业扩配套工程现场查勘图（电缆接户）如图 1–7–1 所示。

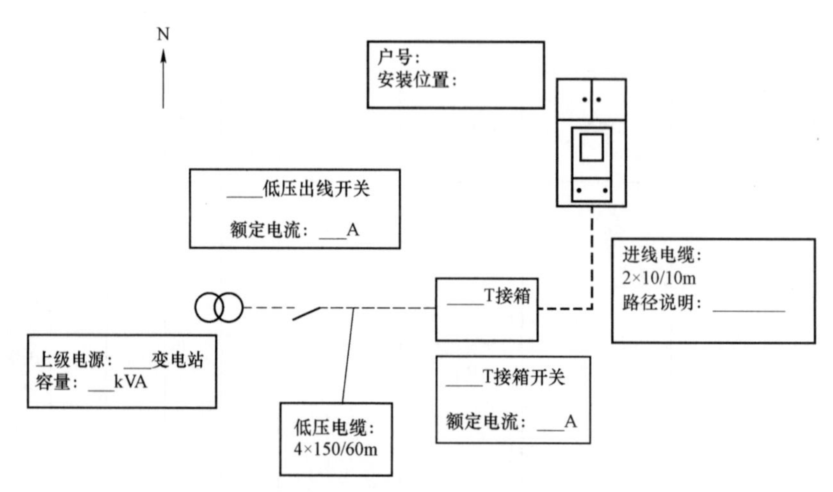

图 1–7–1　低压业扩配套工程现场查勘图（电缆接户）

注：新建及改造部分以粗线条标注。

低压业扩配套工程现场查勘图（架空线接户）如图 1–7–2 所示。

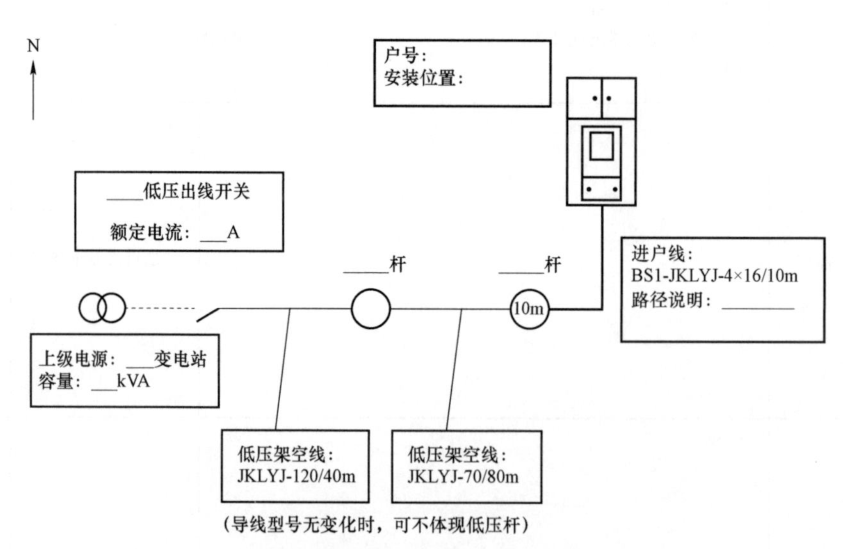

图 1–7–2　低压业扩配套工程现场查勘图（架空线接户）

注：新建及改造部分以粗线条标注。

7.3.2　低压接户及表箱装置标准

单相电能表接户装置，应采用集束绝缘导线引下，装置标准示意图如图 1–7–3 所示。

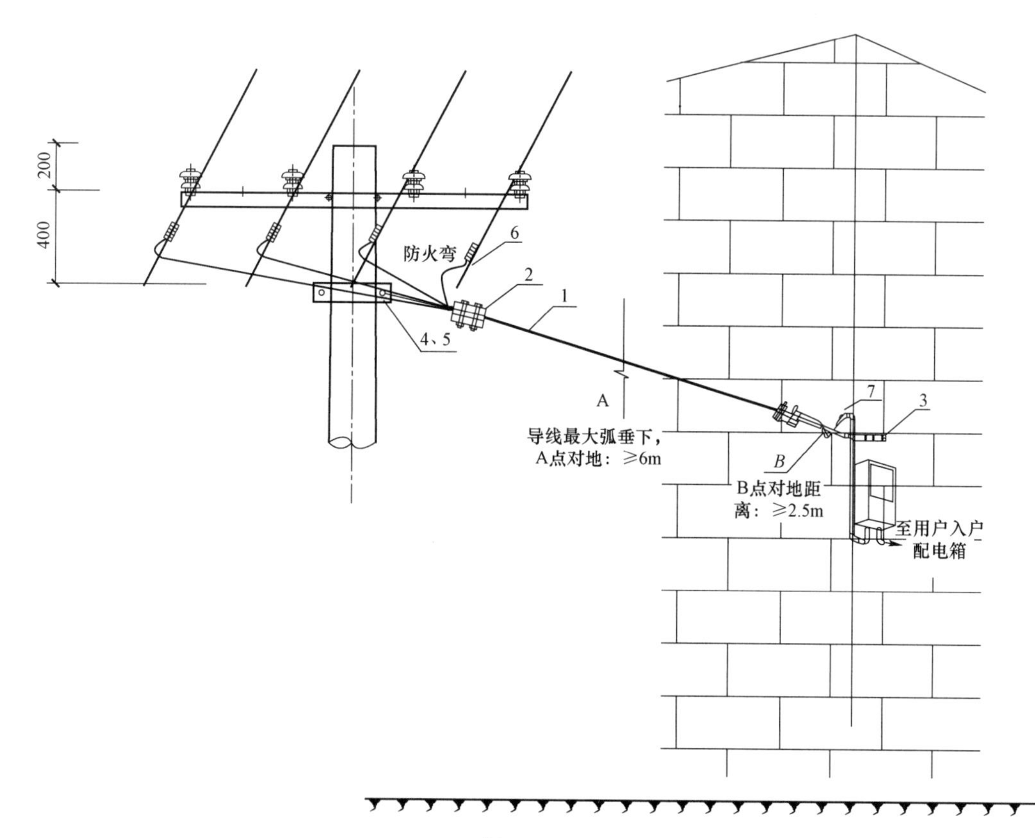

材 料 表

序号	材料名称	型号及规格	单位	数量	单重（kg）	总重（kg）	备注
1	集束导线	BS-2×25	m				按每户 25m 算
2	集束线耐张串	配 BS-2×25 导线	串	2			
3	集束线 L 型支架（或有限拉攀）		只	1			
4	双耐张抱箍	ϕ164	副	1			ϕ150 箱径
		ϕ204	副	1			ϕ190 箱径
5	螺栓	H16×75	只	2			
6	绝缘穿刺线夹	JJC-120/70	只	4			
7	滴水弯	PVC-ϕ32	只	1			
8	弯头	PVC-ϕ32	只	4			
9	管夹	PVC-ϕ32	只	12			包含水泥钉
10	穿线管	PVC-ϕ32×4m	支	1			
11	碟式绝缘子	ED-2	只	1			经绝缘子引下用
12	螺栓	ϕ12×114	只	1			经绝缘子引下用
13	钢芯塑料线	BV-4	m	2			经绝缘子引下用
14	膨胀螺栓	M12/4 号	套	3			
15	圆垫片	M16	只	5			

说明：

1. 此方案为居民住宅不具备集中安装户表工程时的安装示意图。
2. 单相供电 PE 线接地体必须单独敷设。
3. 户表箱安装应注意防雨。
4. 接户线从杆上搭接点到电能表箱不得有接头，其档距不应不得大于 25m，超过 25m 时，应加装接户杆。

注：导线与墙面夹角大于 45°时用 L 型支架引入表箱，小于 45°时用有限拉攀引入表箱

图 1－7－3　单相电能表接户箱装置标准示意图

三相电能表接户装置，应采用集束绝缘导线引下，装置标准示意图如图 1-7-4 所示。

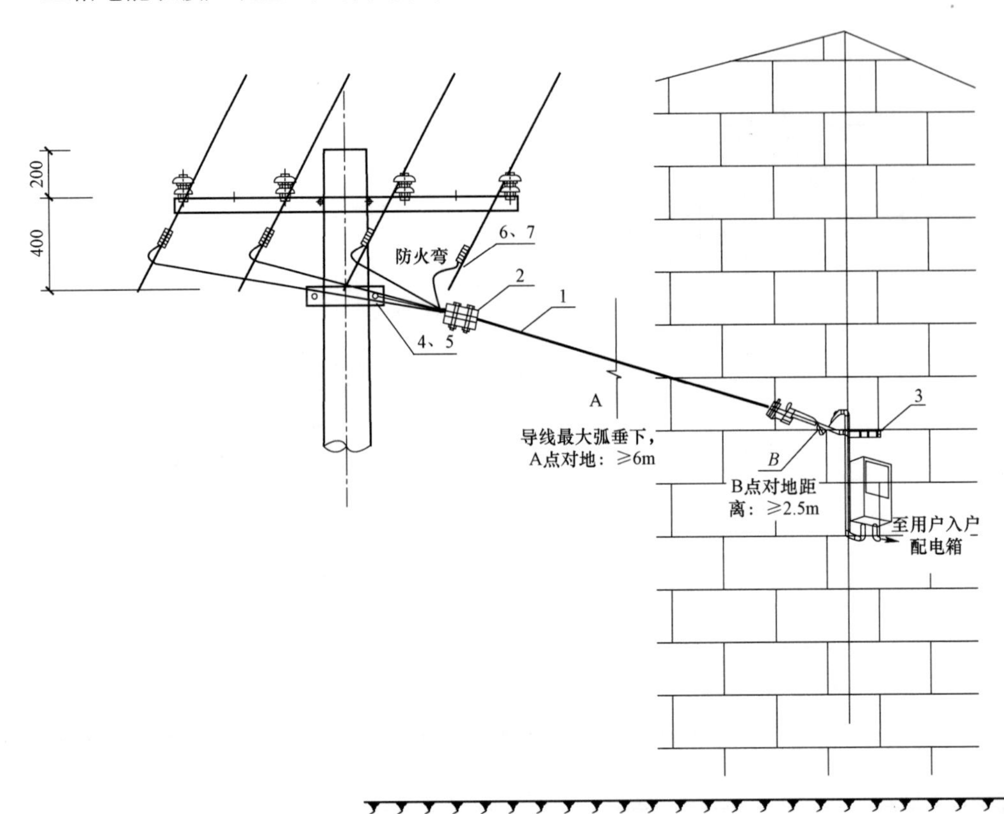

材 料 表

序号	材料名称	型号及规格	单位	数量	单重（kg）	总重（kg）	备注
1	集束导线	设计选型	m				按每户 25m 算
2	集束线耐张串	设计选型	串	2			
3	集束线 L 型支架（或有限拉攀）		只	1			
4	双耐张抱箍	ϕ164	副	1			ϕ150 箱径
		ϕ204	副	1			ϕ190 箱径
5	螺栓	H16×75	只	2			
6	绝缘穿刺线夹	JJC-120/70	只	4			
7	滴水弯	PVC-ϕ40	只	1			
8	弯头	PVC-ϕ40	只	4			
9	管夹	PVC-ϕ40	只	12			包含水泥钉
10	穿线管	PVC-ϕ40×4m	支	1			
11	碟式绝缘子	ED-2	只	1			经绝缘子引下用
12	螺栓	ϕ12×114	只	1			经绝缘子引下用
13	钢芯塑料线	BV-4	m	2			经绝缘子引下用
14	膨胀螺栓	M12/4 号	套	3			
15	圆垫片	M16	只	5			

说明：

1. 此方案为居民住宅不具备集中安装户表工程时的安装示意图。
2. 单相供电 PE 线接地体必须单独敷设。
3. 户表箱安装应注意防雨。
4. 接户线从杆上搭接点到电能表箱不得有接头，其档距不应不得大于 25m，超过 25m 时，应加装接户杆。

注：导线与墙面夹角大于 45°时用 L 型支架引入表箱，小于 45°时用有限拉攀引入表箱

图 1-7-4　三相电能表接户线装置标准示意图

临时表计接户装置，应采用低压电力电缆引下，杆上装置标准示意图如图 1-7-5 所示。

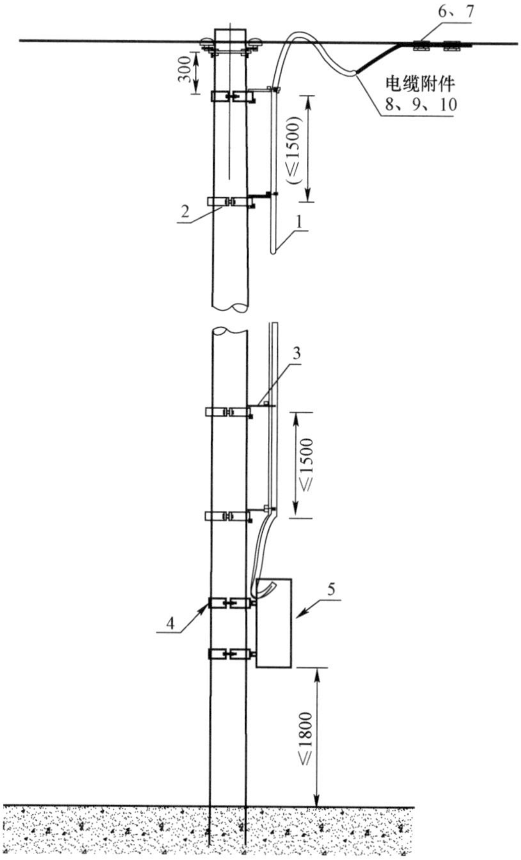

材　料　表

序号	材料名称	型号及规格	单位	数量	单重（kg）	总重（kg）	备注
1	低压电缆	设计选型	m	10			
2	电缆抱箍	按杆径	副	4			10m 杆 4 副，12m 杆 5 副
3	电缆一线抱箍		只	4			
4	表箱抱箍	ϕ260	副	2			ϕ150 用 ϕ220 ϕ190 用 ϕ260
5	动力表箱		只	1			
6	铜铝异形并沟线夹	JBDL-16-120	只	8			
7	异型并沟线夹绝缘罩	50-240	只	8			
8	电缆线端头		套	3			
9	冷束加长绝缘管		只	4			
10	铜接线端子	设计选型	只	4			
11	螺栓	ϕ16×75	只	12			
12	螺栓	ϕ16×100	只	3			
13	螺栓	ϕ12×40	只	12			
14	圆垫片	M16	片	12			
15	圆垫片	M12	片	12			

图 1-7-5　杆上表箱装置标准示意图

表箱一次接线与安装示意图如图 1–7–6 所示。

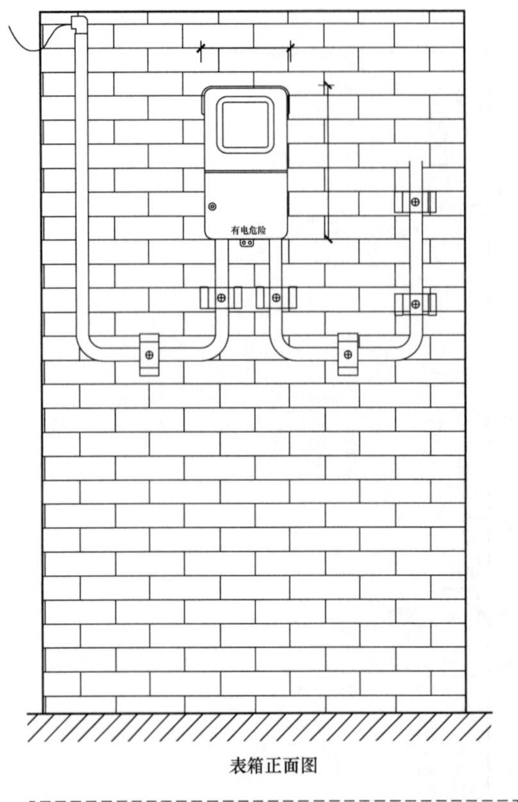

表箱正面图

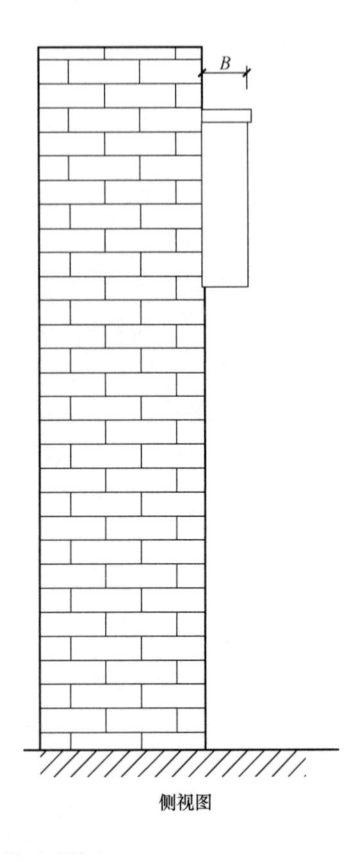

侧视图

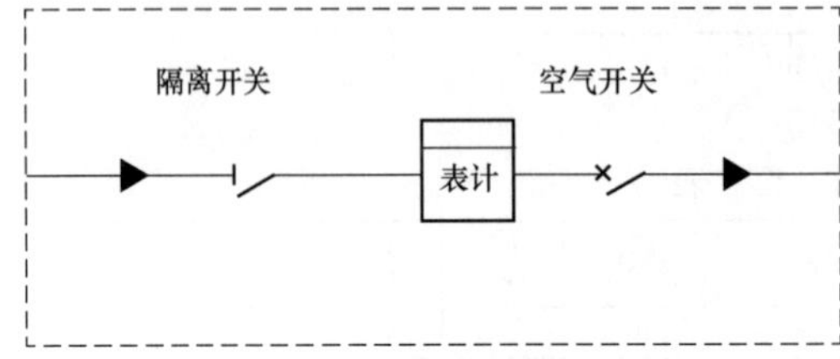

单表箱一次接线图

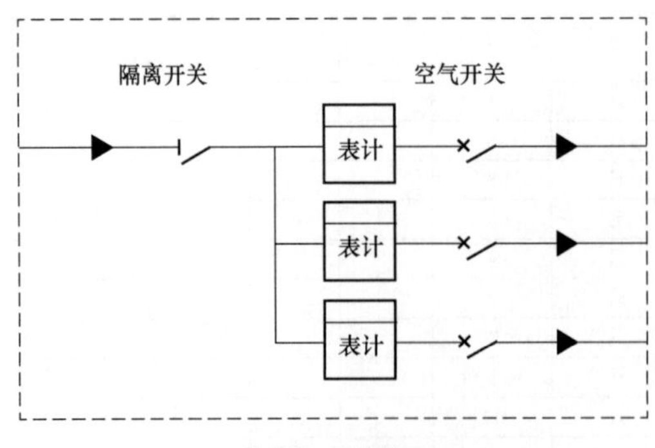

集表箱一次接线图

说明：表箱位置应有利于抄表人员观察表计，计量箱最高观察窗中心线距安装地面不宜高于1.8m。箱底高度不小于1.2m，并应采取安全防护措施。

图 1–7–6　表箱一次接线与安装示意图

7.4　低压电能计量装接单（范本模板）

国家电网
STATE GRID
你用电·我用心
Your Power Our Care

低压电能计量装接单

<table>
<tr><th colspan="7">客户基本信息</th></tr>
<tr><td>户　　号</td><td colspan="2"></td><td colspan="2">申请编号</td><td></td><td rowspan="5">（档案标识二维码，系统自动生成）</td></tr>
<tr><td>户　　名</td><td colspan="5"></td></tr>
<tr><td>用电地址</td><td colspan="5"></td></tr>
<tr><td>联 系 人</td><td></td><td>联系电话</td><td></td><td>供电电压</td><td></td></tr>
<tr><td>合同容量</td><td></td><td>电能表
准确度</td><td></td><td>接线方式</td><td></td></tr>
</table>

<table>
<tr><th colspan="10">装拆计量装置信息</th></tr>
<tr><td>装/拆</td><td>资产编号</td><td>计度器
类型</td><td>表库/
仓位码</td><td>位数</td><td>底度</td><td>自身倍率
（变比）</td><td>电流</td><td>规格型号</td><td>计量点
名称</td></tr>
<tr><td></td><td></td><td></td><td></td><td></td><td></td><td></td><td></td><td></td><td></td></tr>
</table>

<table>
<tr><th colspan="6">现场信息</th></tr>
<tr><td>接电点描述</td><td colspan="5"></td></tr>
<tr><td>表箱条形码</td><td>表箱经纬度</td><td colspan="2">表箱类型</td><td>表箱封印号</td><td>表计封印号</td></tr>
<tr><td></td><td></td><td colspan="2"></td><td></td><td></td></tr>
<tr><td>采集器条码</td><td></td><td>安装位置</td><td colspan="3"></td></tr>
<tr><td rowspan="3">流程摘要</td><td rowspan="3"></td><td rowspan="3">备注</td><td rowspan="3" colspan="2"></td><td>表计和表箱已加封，电能表存度本人已经确认</td></tr>
<tr><td>经办人签章：</td></tr>
<tr><td>年　　月　　日</td></tr>
<tr><td>装接人员</td><td></td><td colspan="3">装接日期</td><td>年　　月　　日</td></tr>
</table>

7.5 客户受电工程竣工检验意见单（范本模板）

国家电网
STATE GRID
你用电·我用心
Your Power Our Care

客户受电工程竣工检验意见单

<table>
<tr><td>户　　号</td><td></td><td>申请编号</td><td></td><td colspan="2" rowspan="4">（档案标识二维码，系统自动生成）</td></tr>
<tr><td>户　　名</td><td colspan="3"></td></tr>
<tr><td>用电地址</td><td colspan="3"></td></tr>
<tr><td>联 系 人</td><td></td><td>联系电话</td><td></td></tr>
<tr><td colspan="3">资料检验</td><td colspan="3">检验结果（合格打“√”，不合格填写不合格具体内容）</td></tr>
<tr><td colspan="3">设计、施工、试验单位资质</td><td colspan="3"></td></tr>
<tr><td colspan="3">工程竣工图及说明</td><td colspan="3"></td></tr>
<tr><td colspan="3">主要设备的型式试验报告</td><td colspan="3"></td></tr>
<tr><td colspan="3">电气试验及保护整定调试记录</td><td colspan="3"></td></tr>
<tr><td colspan="3">接地电阻测试报告</td><td colspan="3"></td></tr>
<tr><td colspan="6">现场检验意见（可附页）：

供电企业（盖章）：</td></tr>
<tr><td>检验人</td><td colspan="2"></td><td>检验日期</td><td colspan="2">年　　月　　日
（系统自动生成）</td></tr>
<tr><td colspan="6">经办人签收：
年　　月　　日</td></tr>
</table>

7.6　受电工程缺陷整改通知单（范本模板）

国家电网
STATE GRID
你用电·我用心
Your Power Our Care

受电工程缺陷整改通知单

用电户号		申请编号	
客户名称		申请类别	
用电地址		联系人	
检查部门		检查人员	
联系电话		检查环节	
开始时间		完成时间	
受电工程缺陷及整改要求：			
用电单位签章： 年　月　日		供电单位签章： 年　月　日	

7.7 客户受电工程竣工检验现场工作卡（范本模板）

客户受电工程竣工检验现场工作卡

1.1 验收对象及人员

由客户经理负责人组织开展客户受电工程竣工检验工作，记录客户、施工单位和设备单位信息。

<table>
<tr><td colspan="2">用户名称</td><td colspan="2"></td><td colspan="2">用户户号</td><td></td></tr>
<tr><td colspan="2">验收单位</td><td colspan="2"></td><td colspan="2">验收负责人</td><td></td></tr>
<tr><td colspan="2">验收日期</td><td colspan="2"></td><td colspan="2">验收人员</td><td></td></tr>
<tr><td>设计单位</td><td></td><td>施工单位</td><td></td><td>试验单位</td><td colspan="2"></td></tr>
<tr><td>联系人</td><td></td><td>联系人</td><td></td><td>联系人</td><td colspan="2"></td></tr>
<tr><td>联系电话</td><td></td><td>联系电话</td><td></td><td>联系电话</td><td colspan="2"></td></tr>
</table>

1.2 检查内容

检查内容	检查标准	完成请打“√”
资质材料	设计、施工、试验单位相关资质复印件齐备	
图示和试验报告	工程竣工图及说明齐备	
	变压器试验报告、高压成套电器试验报告、避雷器试验报告、电力电缆（交流）试验报告、高压柜试验报告、低压柜试验报告、接地电阻试验报告、电流电压互感器试验报告等试验报告合格	
	变压器、成套设备、高低压柜等主要设备的型式试验报告合格	
电气设备和运行方式	电源接入方式、受电容量、电气主接线、运行方式、无功补偿、自备电源、计量配置、保护配置等符合供电方案	
	变压器、成套设备、高低压柜等电气设备符合国家的政策法规和国家、行业等技术标准，不得使用国家明令禁止的电气产品	
计量装置	电能计量装置安装到位，检查接线正确，符合计量规程要求，封印到位	
	用电信息采集及负荷控制装置配置齐全	
电源和负荷情况	重要电力用户保安电源容量、切换时间满足保安负荷用电需求	
	对冲击负荷、非对称负荷及谐波源设备采取有效的治理措施	
	非电保安措施及应急预案是否完整有效	
复验	竣工检验发现的问题，检查人员须以书面整改意见答复客户，客户完成整改并经再次检验	
其他		

注：1. 该检验现场工作卡可以作为《客户受电工程竣工检验意见单》附页。

2. 若存在检查缺陷，客户经理需开具受电工程缺陷整改通知单，一次性完整地将检查缺陷记录并告知用户进行整改，直至检查合格。

7.8　新装（增容）送电现场工作卡（范本模板）

新装（增容）送电现场工作卡

1.1　送电对象及人员

由客户经理负责人组织开展客户新装（增容）送电工作，记录客户信息、施工单位信息。

<table>
<tr><td colspan="2">用户名称</td><td colspan="2"></td><td colspan="2">用户户号</td></tr>
<tr><td colspan="2">验收单位</td><td colspan="2"></td><td colspan="2">验收负责人</td></tr>
<tr><td colspan="2">验收日期</td><td colspan="2"></td><td colspan="2">验收人员</td></tr>
<tr><td>设备单位</td><td></td><td>施工单位</td><td></td><td>试验单位</td><td></td></tr>
<tr><td>联系人</td><td></td><td>联系人</td><td></td><td>联系人</td><td></td></tr>
<tr><td>联系电话</td><td></td><td>联系电话</td><td></td><td>联系电话</td><td></td></tr>
</table>

1.2　检查内容

检查内容	检查标准	完成请打“√”
核对信息	再次核对客户现场相关信息与批准的供电方案一致	
验收合格	新建的供电工程已验收合格	
	客户受电工程已竣工验收合格	
	配套工程已竣工验收合格	
合同和费用	供用电合同及有关协议均已签订	
	业务相关费用已结清	
安全措施	客户安全措施已齐备	
	送电前明确本地及对侧的安全措施情况	
	严格监督带电设备、待送电设备与周围设备及工作人员的安全距离是否足够，不得操作客户设备	
	所有接地线已拆除	
	所有无关人员已离开作业现场	
电源信息	对有临时用电的客户，确认临时用电已经销户停电、拆除接入点	
	检查客户自备应急电源与电网电源之间的切换装置和联锁装置是否可靠	
送电方案	现场已具备接电条件，搭接已完成或搭接计划已审批通过	
	启动送电方案已审定	
计量装置	电能计量装置已安装检验合格	
	核查电能计量装置的封印等齐全	
一次设备	检查一次设备是否正确连接，送电现场是否工完、料尽、场清	
二次设备	检查所有保护设备是否投入正常运行，直流系统运行是否正常	
操作人员	确认计划送电人员到位	
	客户电气工作人员具备相关资质	
	操作人员精神状态良好，满足送电要求	
送电情况	全面检查一次设备的运行状况	
	核对一次相位、相序	
	检查电能计量装置、现场服务终端，运转、通信是否正常，相序是否正确	
其他		

7.9 业扩报装现场作业安全卡（范本模板）

业扩报装现场作业安全卡

单位：　　　　　　　　　　　　　　　　　　　　　　　　　　编号：

<table>
<tr><td>客户名称</td><td></td><td>户号</td><td></td><td>地址</td><td colspan="3"></td></tr>
<tr><td>联系人</td><td colspan="3"></td><td>电话</td><td></td><td>业务类型</td><td></td></tr>
<tr><td rowspan="2">工作负责人</td><td colspan="3" rowspan="2"></td><td colspan="2">班组</td><td colspan="2"></td></tr>
<tr><td colspan="2">工作负责人联系电话</td><td colspan="2"></td></tr>
<tr><td>工作班成员</td><td colspan="7">共　　人</td></tr>
<tr><td>工作地点</td><td colspan="7"></td></tr>
<tr><td colspan="8">工作内容：现场勘查□　中间检查□　竣工检验□　送电□　其他□</td></tr>
<tr><td>计划工作时间</td><td colspan="7">自_____年___月___日___时___分至_____年___月___日___时___分</td></tr>
<tr><td>序号</td><td colspan="6">工作现场风险点分析</td><td>逐项落实“有/无”</td></tr>
<tr><td>1</td><td colspan="6">现场通道照明不足，基建工地有高空落物、作业人员有碰伤、扎伤、摔伤等风险</td><td></td></tr>
<tr><td>2</td><td colspan="6">现场孔洞未封堵、电缆沟缺少盖板，作业人员有摔伤危险，登高作业有高空坠落风险</td><td></td></tr>
<tr><td>3</td><td colspan="6">高压安全距离不够，安全措施不到位，作业人员有触电和电弧烧伤危险</td><td></td></tr>
<tr><td>4</td><td colspan="6">存在临时供电电源未断开，作业人员有触电和电弧烧伤危险</td><td></td></tr>
<tr><td>5</td><td colspan="6">工作现场清理不到位、临时措施未解除，未达到投运标准</td><td></td></tr>
<tr><td>6</td><td colspan="6">现场安装设备与审核合格的设计图纸不符，私自改变接线方式或运行方式</td><td></td></tr>
<tr><td>7</td><td colspan="6">遮栏、标示牌未设置到位，存在带电设备未有效隔离、作业人员有误碰带电设备触电和误入客户生产危险区域风险</td><td></td></tr>
<tr><td>8</td><td colspan="6">客户有可能存在先接电，后验收的情况，作业人员有触电风险</td><td></td></tr>
<tr><td>9</td><td colspan="6">双电源及自备应急电源与电网电源之间切换装置不可靠</td><td></td></tr>
<tr><td>10</td><td colspan="6">现场安全工器具未合格</td><td></td></tr>
<tr><td>11</td><td colspan="6">设备金属外壳接地不良，作业人员有触电危险</td><td></td></tr>
<tr><td>12</td><td colspan="6">使用测量器具不规范，作业人员有弧光短路和触电危险。使用不合格工器具，作业人员有触电危险</td><td></td></tr>
<tr><td>补充事项</td><td colspan="6"></td><td></td></tr>
</table>

续表

序号	注意事项及安全措施	逐项落实并打“√”
1	进入带电工作现场，要至少两人进行，且身体和精神状态良好	
2	进入作业现场应正确佩戴安全帽，现场作业人员还应穿全棉长袖工作服、绝缘鞋。使用绝缘工具，接触设备金属外壳前应先进行验电	
3	召开开工会，明确工作任务和人员职责分工，进行危险点及安全技术措施交底，现场检查安全措施是否到位，确保现场工作人员做到“五清楚”	
4	送电操作前检查缺陷是否已经整改，电气设备符合国家政策法规，试验项目齐全、结论合格，认真核对电气设备双重编号和设备状态，计量装置配置和接线符合计量规程要求	
5	接触设备的工作，要先停电，验电，装设接地线	
6	供电单位工作人员不得擅自操作客户电气设备	
补充事项		

工作配合人签名（客户）	
工作任务和现场安全措施已确认，工作班成员签名	

开工时间：________年____月____日____时____分；完工时间：________年____月____日____时____分

工作班现场所装设接地线共____组、个人保安线共____组已全部拆除。

全部工作已于________年____月____日____时____分结束，工作班人员已全部撤离现场，材料、工具已清理完毕，杆塔、设备上已无遗留物，工作结束

工作负责人：

7.10 配电第一种工作票（范本模板）

已执行盖 不执行章 作　废

盖 合格 / 不合格 章

配电第一种工作票

单位 国网杭州供电公司客户服务中心　　　　编号 HZKF－DKH－201911－PⅠ－××

1. 工作负责人 吴×　　　　班组 大客户经理班

2. 工作班成员（不包括工作负责人）：钟××　陆××　陈×

共 3 人。

3. 工作任务：

工作地点或设备［注明变（配）电站、线路名称、设备双重名称及起止杆号］	工作内容
10kV 国际会展中心高压配电装置	新增 2 号主变压器竣工检验

4. 计划工作时间：自 2019 年 11 月 6 日 9 时 00 分至 2019 年 11 月 6 日 12 时 00 分。

5. 安全措施（应改为检修状态的线路、设备名称，应断开的断路器（开关）、隔离开关（刀闸）、熔断器，应合上的接地刀闸，应装设的接地线、绝缘隔板、遮栏（围栏）和标示牌等，装设的接地线应明确具体位置，必要时可附页绘图说明）。

5.1 调控或运维人员（变配电站、发电厂）应采取的安全措施	已执行
将 10kV 高压配电装置 1 号主变压器开关、母线压变柜开关、计量柜开关改为冷备用	√
将 10kV 高压配电装置进线隔离柜和开关柜改为冷备用	√
在高压配电装置 10kV 进线隔离柜进线侧挂 1 号接地线一副	√
合上高压配电装置 1 号主变压器出线侧接地闸刀	√
在 10kV 高压配电装置 2 号主变压器入口处挂“在此工作”标示牌	√
在 10kV 高压配电装置进线隔离柜和开关柜、1 号主变压器开关操作手柄上挂“禁止合闸，有人工作！”标示牌	√

5.2 工作班完成的安全措施	已执行
—	

5.3 工作班装设（或拆除）的接地线			
线路名称或设备双重名称和装设位置	接地线编号	装设时间	拆除时间
—	—	—	—

5.4 配合停电线路应采取的安全措施	已执行
将 10kV 国际会展中心开关站至高压配电装置进线隔离柜开关改为冷备用	√

5.5 保留或邻近的带电线路、设备

无。

5.6　其他安全措施和注意事项

高压试验加强监护。

工作票签发人签名：许××　2019 年 11 月 5 日 15 时 30 分

工作负责人签名：吴×　2019 年 11 月 5 日 15 时 00 分

5.7　其他安全措施和注意事项补充（由工作负责人或工作许可人填写）：

在无盖板的电缆沟上加设警示围栏，防止工作人员坠入电缆沟。

6. 工作许可：

许可的线路或设备	许可方式	工作许可人	工作负责人签名	许可工作的时间
10kV 国际会展中心高压配电装置	书面	张×（客户值班电工）	吴×	2019 年 11 月 6 日 9 时 15 分
				年 月 日 时 分
				年 月 日 时 分
				年 月 日 时 分

7. 工作任务单登记：

工作任务单编号	工作任务	小组负责人	工作许可时间	工作结束报告时间
/				

8. 现场交底，工作班成员确认工作负责人布置的工作任务、人员分工、安全措施和注意事项并签名：

钟××　陆××　陈×

9. 人员变更

9.1　工作负责人变动情况：原工作负责人 吴× 离去，变更 钟×× 为工作负责人。

工作票签发人：钟××（代签）　2019 年 11 月 6 日 10 时 00 分

原工作负责人签名确认：吴×　新工作负责人签名确认：钟××

2019 年 11 月 6 日 10 时 02 分

9.2　工作人员变动情况：

新增人员	姓名	葛××	—			
	变更时间	2019 年 11 月 6 日 10:30	—			
离开人员	姓名	陆××	—			
	变更时间	2019 年 11 月 6 日 10:30	—			

工作负责人签名 钟××

10. 工作票延期：有效期延长到 2019 年 11 月 6 日 14 时 00 分。

工作负责人签名：钟××　2019 年 11 月 6 日 11 时 45 分

工作许可人签名：张×（电工）　2019 年 11 月 6 日 11 时 46 分

11. 每日开工和收工记录（使用一天的工作票不必填写）：

收工时间	工作负责人	工作许可人	开工时间	工作许可人	工作负责人

12. 工作终结：

12.1 工作班现场所装设接地线共__/__组、个人保安线共__3__组已全部拆除，工作班人员已全部撤离现场，材料工具已清理完毕，杆塔、设备上已无遗留物。

12.2 工作终结报告：

终结的线路或设备	报告方式	工作负责人	工作许可人	终结报告时间
10kV 国际会展中心高压配电装置	书面	钟××	张×（电工）	2019 年 11 月 6 日 13 时 45 分
				年 月 日 时 分
				年 月 日 时 分
				年 月 日 时 分

13. 备注：

13.1 指定专责监护人__徐××__ 负责监护__10kV 国际会展中心高配 2 号主变压器竣工检验工作全过程工作__（地点及具体工作）

13.2 其他事项：__无。__

附图

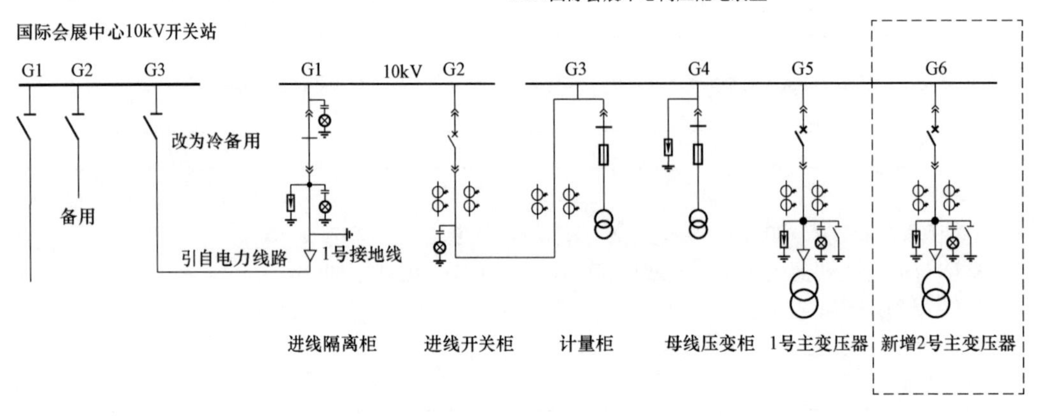

7.11　配电第二种工作票（范本模板）

已执行盖 不执行章 作　废

盖 合格/不合格 章

配电第二种工作票

单位 国网杭州供电公司客户服务中心　　　　　　编号 HZKF－JYJC－201911－PⅡ－07

1. 工作负责人 王×　　　　　　班组 检验检测班

2. 工作班成员（不包括工作负责人）：陆××　何××

共 2 人。

3. 工作任务：

工作地点或设备［注明变（配）电站、线路名称、设备双重名称及起止杆号］	工作内容
10kV 国际会展中心高压配电装置	电能表现场校验

4. 计划工作时间：自 2019 年 11 月 21 日 9 时 00 分至 2019 年 11 月 21 日 12 时 00 分

5. 工作条件和安全措施（必要时可附页绘图说明）

10kV 国际会展中心高压配电装置不停电，配电房内一二次设备均在运行，工作中加强监护，防止误动误碰运行设备；工作中请与带电设备保持足够的安全距离：10kV：0.7m；

G3 柜柜门处挂“在此工作”标示牌，G2 柜开关柜和 G4 柜母线电压互感器柜柜门处挂“有电，高压危险！”标识牌。

工作票签发人签名：邬××，2019 年 11 月 20 日 15 时 30 分

工作负责人签名：王×　2019 年 11 月 20 日 15 时 30 分

6. 现场补充的安全措施：

无。

7. 工作许可：

许可的线路或设备	许可方式	工作许可人	工作负责人签名	许可工作的时间
10kV 国际会展中心高压配电装置	书面	张×（客户电工）	王×	2019 年 11 月 21 日 9 时 10 分
				年 月 日 时 分
				年 月 日 时 分
				年 月 日 时 分

8. 现场交底，工作班成员确认工作负责人布置的工作任务、人员分工、安全措施和注意事项并签名：

陆××　　何××

工作开始时间：2019 年 11 月 21 日 9　15 分　工作负责人签名：王×

9. 工作票延期：有效期延长到 2019 年 11 月 21 日 14 时 00 分。

工作负责人签名：王×　2019 年 11 月 21 日 11 时 45 分

工作许可人签名：张×（电工）　2019 年 11 月 21 日 11 时 46 分

10. 工作完工时间：

2019 年 11 月 21 日 13 时 30 分　工作负责人签名：王×

11. 工作终结：

11.1 工作班人员已全部撤离现场，材料工具已清理完毕，杆塔、设备上已无遗留物。

11.2 工作终结报告：

终结的线路或设备	报告方式	工作负责人	工作许可人	终结报告时间
10kV 国际会展中心高压配电装置	书面	王×	张×（电工）	2019 年 11 月 21 日 13 时 45 分
				年 月 日 时 分
				年 月 日 时 分

12. 备注：

12.1 指定专责监护人 李×× 负责监护 电能表检测时人员和设备的全过程安全。（地点及具体工作）

12.2 其他事项：无。

7.12 低压工作票（范本模板）

已执行盖 不执行章 作 废

合格 盖　　章 不合格

低 压 工 作 票

单位＿＿＿＿＿＿＿＿＿＿＿＿　　　　　　　　编号＿＿＿＿＿＿＿＿＿＿

1. 工作负责人＿＿＿＿＿＿＿＿＿＿　　　　　　班组＿＿＿＿＿＿＿＿＿＿

2. 工作班成员（不包括工作负责人）＿＿＿＿＿＿＿＿＿＿＿＿＿＿＿＿＿＿＿＿

＿＿＿＿＿＿＿＿＿＿＿＿＿＿＿＿＿＿＿＿＿＿＿＿＿＿＿＿＿＿共＿＿人。

3. 工作的线路名称或设备双重名称（多回路应注明双重称号及方位）、工作任务

＿＿＿＿＿＿＿＿＿＿＿＿＿＿＿＿＿＿＿＿＿＿＿＿＿＿＿＿＿＿＿＿＿＿

＿＿＿＿＿＿＿＿＿＿＿＿＿＿＿＿＿＿＿＿＿＿＿＿＿＿＿＿＿＿＿＿＿＿

4. 计划工作时间：自＿＿＿＿年＿＿月＿＿日＿＿时＿＿分至＿＿＿＿年＿＿月＿＿日＿＿时＿＿分

5. 安全措施（必要时可附页绘图说明）

5.1　工作的条件和应采取的安全措施（停电、接地、隔离和装设的安全遮栏、围栏、标示牌等）

＿＿＿＿＿＿＿＿＿＿＿＿＿＿＿＿＿＿＿＿＿＿＿＿＿＿＿＿＿＿＿＿＿＿

＿＿＿＿＿＿＿＿＿＿＿＿＿＿＿＿＿＿＿＿＿＿＿＿＿＿＿＿＿＿＿＿＿＿

5.2　保留的带电部位

＿＿＿＿＿＿＿＿＿＿＿＿＿＿＿＿＿＿＿＿＿＿＿＿＿＿＿＿＿＿＿＿＿＿

＿＿＿＿＿＿＿＿＿＿＿＿＿＿＿＿＿＿＿＿＿＿＿＿＿＿＿＿＿＿＿＿＿＿

5.3　其他安全措施和注意事项

＿＿＿＿＿＿＿＿＿＿＿＿＿＿＿＿＿＿＿＿＿＿＿＿＿＿＿＿＿＿＿＿＿＿

＿＿＿＿＿＿＿＿＿＿＿＿＿＿＿＿＿＿＿＿＿＿＿＿＿＿＿＿＿＿＿＿＿＿

工作票签发人（供电公司）签名＿＿＿＿＿＿　＿＿＿年＿＿月＿＿日＿＿时＿＿分

工作票签发人（客户）签名（必要时）＿＿＿＿＿＿　＿＿＿年＿＿月＿＿日＿＿时＿＿分

工作负责人签名＿＿＿＿＿＿　＿＿＿年＿＿月＿＿日＿＿时＿＿分

6. 工作许可

6.1　现场补充的安全措施

＿＿＿＿＿＿＿＿＿＿＿＿＿＿＿＿＿＿＿＿＿＿＿＿＿＿＿＿＿＿＿＿＿＿

6.2　确认本工作票安全措施正确完备，许可工作开始

许可方式＿＿＿＿＿＿　　　　许可工作时间＿＿＿＿年＿＿月＿＿日＿＿时＿＿分

工作许可人签名＿＿＿＿＿＿　　　　工作负责人签名＿＿＿＿＿＿

7. 现场交底，工作班成员确认工作负责人布置的工作任务、人员分工、安全措施和注意事项并签名：

＿＿＿＿＿＿＿＿＿＿＿＿＿＿＿＿＿＿＿＿＿＿＿＿＿＿＿＿＿＿＿＿＿＿

＿＿＿＿＿＿＿＿＿＿＿＿＿＿＿＿＿＿＿＿＿＿＿＿＿＿＿＿＿＿＿＿＿＿

8. 工作票终结

工作班现场所装设接地线共＿＿组、个人保安线共＿＿组已全部拆除，工作班人员已全部撤离现场，工具、材料已清理完毕，杆塔、设备上已无遗留物。

工作负责人签名＿＿＿＿＿＿　　　　工作许可人签名＿＿＿＿＿＿

工作终结时间＿＿＿＿年＿＿月＿＿日＿＿时＿＿分

9. 备注：

＿＿＿＿＿＿＿＿＿＿＿＿＿＿＿＿＿＿＿＿＿＿＿＿＿＿＿＿＿＿＿＿＿＿

＿＿＿＿＿＿＿＿＿＿＿＿＿＿＿＿＿＿＿＿＿＿＿＿＿＿＿＿＿＿＿＿＿＿

7.13 低压客户档案资料内容清单

表 1-7-2 低压客户档案资料内容清单

客户报装档案资料（低压）	1	用电开户登记表（原件）	低压	1. 受理申请时间与供电方案批复时间应满足时限要求； 2. 用电申请单应有客户签字和盖章； 3. 须了解客户相关的用电大项目、其他地点有无用电等服务历史信息，是否列入失信客户及其所属集团客户的信用情况，形成客户报装附加信息	客户提交	营业受理员
	2	用电客户的有效身份证明： 1. 企业和工商客户提供企业法人营业执照或营业执照（复印件）； 2. 事业单位客户提供事业单位法人证书或组织机构代码证（复印件）； 3. 社会团体客户提供社会团体法人证书或组织机构代码证（复印件）； 4. 法人代表身份证复印件； 5. 居民客户的有效身份证明（复印件）； 6. 税务登记证明（复印件）； 7. 居民客户和个体工商户房屋产权证明（复印件）或其他证明文书	低压	客户应提交原件，营业人员负责复印	客户提交	营业受理员
	3	企业、工商、事业单位、社会团体、居民的申请用电委托办理人办理时，应提供： 1. 授权委托书或单位介绍信（原件）； 2. 经办人有效身份证明（复印件）	低压	授权委托书或单位介绍信有盖章	客户提交	营业受理员
	4	1. 房屋租赁合同（协议）复印件； 2. 承租人有效身份证明（复印件）； 3. 用电办理许可证明； 4. 电费担保协议	适用于低压客户房屋产权人无法办理用电申请或无法签订合同的情况		客户提交	营业受理员
	5	主要电气设备清单，影响电能质量的用电设备清单	低压	应有客户盖章	客户提交	营业受理员
	6	查勘工作单	低压		查勘人员提交	查勘人员
	7	供电方案通知单	低压	批复时间应满足时限要求，批复内容应齐全，应加盖公章，并有客户签收	供电方案编制人员提交	供电方案编制人员
	8	施工单位的资质证明材料复印件 1.《承装电力设施许可证》； 2.《安全生产许可证》； 3.《建筑安装许可证》	低压	1. 施工单位的资质证明与施工竣工报告主体一致； 2. 施工资质证复印件上加盖有资质单位公章	客户提交	验收人员
	9	竣工验收申请单	低压	应有客户签章和申请时间	客户提交	验收人员

续表

客户报装档案资料（低压）	10	施工单位出具的竣工报告： 1. 工程承装负责人签名并加盖单位公章的工程说明及竣工图； 2. 供电企业认为必要的其他资料或记录； 3. 自备发电机（组）信息	低压	工程承装负责人签名并加盖单位公章	客户提交	验收人员
	11	竣工验收检查报告	低压	第一次报告时间和申请时间应满足时限要求，报告需盖章，应有客户签收	验收人员提交	验收人员
	12	营业收费通知书	低压	通知单需盖章，应收客户签收，并有收费时间和发票编号	营业受理员提交	营业受理员
	13	对涉及国家优待电价的应提供政府有权部门核发的资质证明和工艺流程	低压		客户提交	验收人员
	14	增值税一般纳税人资格证、税务登记证	低压		客户提交	验收人员
	15	《供用电合同》（含电费结算协议等附件）	低压	供用电合同双方章据齐全，并加盖骑缝章	验收人员提交	验收人员
	16	客户电能计量装接单	低压	装表时间应满足时限要求，应有客户签字	装表人员提交	营业受理员
	17	非电性质保安措施	低压		验收人员提交	验收人员
	18	客户应提交的其他资料	低压			

第 2 部分

高压部分

1　范围

本作业指导书规定了业扩报装现场勘查、中间检查、竣工检验及送电（装表接电）等现场工作的标准化作业内容。

本作业指导书适用于国家电网有限公司系统下各单位。

2　规范性引用文件

下列文件对于本指导书的应用是必不可少的。凡是注日期的引用文件，仅所注日期的版本适用于本指导书，凡是不注日期的引用文件，其最新版本（包括所有的修改版）适用于本指导书。

GB/T 28583—2012《供电服务规范》

DL/T 448—2016《电能计量装置技术管理规程》

Q/GDW 1799.1—2013《国家电网公司电力安全工作规程（变电部分）》

《国家电网公司电力安全工作规程（配电部分）（试行）》

国家电网营销〔2010〕1247 号《国家电网公司业扩供电方案编制导则》

国家电网办〔2018〕1028 号《持续优化营商环境提升供电服务水平两年行动计划（2019—2020 年）》

国家电网企管〔2019〕431 号《国家电网有限公司业扩报装管理规则》

国家电网营销〔2020〕29 号《国家电网有限公司关于规范营销现场作业安全管理的指导意见》

《国家电网公司员工服务“十个不准”》

《营销业扩报装工作全过程防人身事故十二条措施（试行）》

《营销业扩报装工作全过程安全危险点辨识与预控手册（试行）》

办稽查〔2009〕76 号《国家电力监管委员会用户受电工程“三指定”行为认定指引（试行）》

3　术语和定义

下列术语和定义适用于本指导书。

3.1　客户受电工程

供电企业直供范围内由客户出资、属客户资产的新装或增容供电工程、用电变更工程等。

3.2　三指定

供电企业滥用独占经营权，直接、间接或者变相指定客户受电工程的设计、施工和设备材料供应单位，限制和排斥其他单位的公平竞争，侵犯客户自由选择权的行为。

设备材料供应单位包括设备材料供应商和设备材料生产厂家。

3.3　隐蔽工程

对受电工程涉及接地部分、暗敷管线等与电气安装质量密切相关，且影响电网系统和客户安全用电，并需要覆盖、掩盖的工程。

3.4 重要和特殊客户

高危及重要电力客户、多电源客户、专线客户、有自备电源的客户和有波动负荷、冲击负荷、不对称负荷等对电能质量有影响需开展电能质量评估的客户。重要和特殊客户业扩报装现场服务包含中间检查环节，其他客户无须包含中间检查环节。

4 作业前准备

4.1 准备工作安排

4.1.1 现场勘查准备工作

（1）核对客户申请资料。应根据接受的检查任务，核查客户申请资料、信息的完整性，若有问题应准备收资清单。了解、掌握客户的基本情况、供电需求、负荷特性等业扩报装基本信息。

（2）电源方案辅助设计。根据客户报装地址，预先了解现场供电条件、配网结构等，开展电源方案辅助设计。

（3）预约联系。提前与客户预约时间，告知检查项目、应配合的工作和该环节需提供的缺件资料，规划好查勘路线，若需其他部门联合检查时，应提前告知。

（4）准备勘查单、作业卡。打印或填写现场勘查单、营销现场安全作业卡。

（5）作业前应正确佩戴好安全帽，保持仪容仪表整洁干净，佩戴好工作证件、着统一工装、穿好绝缘鞋，并携带所需工器具。

（6）检查移动作业终端，并下载工作任务单。

（7）作业前的组织和技术措施参照 Q/GDW 1799.1—2013《国家电网公司电力安全工作规程（变电部分）（试行）》要求。

4.1.2 中间检查准备工作

（1）资料查验。应根据接受的检查任务，核查客户中间检查报验资料的完整性，若有问题应准备收资清单。

（2）预先审查（了解）所要检查地点的受电工程、配套外部工程的进展情况。

（3）预约联系。提前与客户预约时间，告知检查项目、应配合的工作和该环节需提供的缺件资料，规划好查勘路线，若需其他部门联合检查时，应提前告知。

（4）准备检查单、工作票（作业卡）。打印或填写客户受电工程中间检查意见单、客户受电工程中间检查作业卡、第一种工作票或营销现场安全作业卡。

（5）作业前应正确佩戴好安全帽，保持仪容仪表整洁干净，佩戴好工作证件、着统一工装、穿好绝缘鞋，并携带所需工器具。

（6）检查移动作业终端，并下载工作任务单。

（7）作业前的组织和技术措施参照 Q/GDW 1799.1—2013《国家电网公司电力安全工作规程（变电部分）（试行）》要求。

4.1.3 竣工检验准备工作

（1）资料查验。应根据接受的检验任务，核查客户竣工资料的完整性。若有问题应准备收资清单。

（2）预约联系。提前与客户预约时间，告知检查项目、应配合的工作和该环节需提供的缺件资料，规划好查勘路线，若需其他部门联合检查时，应提前告知。

（3）准备图纸、检验单、作业卡。打印或填写客户受电工程竣工检验意见单、客户受电工程竣工检验作业卡或营销现场安全作业卡。

（4）若竣工复验，需提前审核客户提交的相关整改资料，汇总前期验收意见并再次打印《客户受电工程竣工检验意见单》。

（5）作业前应正确佩戴好安全帽，保持仪容仪表整洁干净，佩戴好工作证件、着统一工装、穿好绝缘鞋，并携带所需工器具。

（6）检查移动作业终端，并下载工作任务单。

（7）作业前的组织和技术措施参照 Q/GDW 1799.1—2013《国家电网公司电力安全工作规程（变电部分）》要求。

4.1.4 送电准备工作

（1）资料查验。应根据接受的送电任务，核查客户所有资料的完整性。若有问题应准备收资清单。

（2）检查实施送电的必备条件是否全部符合见表 2–4–1。

表 2–4–1 送电前的必备条件

序号	必备条件	单路公线	单路专线	双路			三路及以上
				双路公线	双路专线	双路一公一专	
1	新建的供电工程已验收合格	√	√	√	√	√	√
2	启动送电方案已审定			√	√	√	√
3	客户受电工程已竣工检验合格	√	√	√	√	√	√
4	供用电合同及有关协议均已签订	√	√	√	√	√	√
5	业务相关费用已结清		√	√	√	√	√
6	客户电气工作人员具备相关资质	√	√	√	√	√	√
7	配套工程已完成	√	√	√	√	√	√
8	停送电计划已申请	√	√	√	√	√	√
9	已与电力调度部门签订调度协议		√		√	√	√

（3）预约联系。提前与客户预约时间，告知送电项目、在送电前应完成的准备工作、注意事项及安全措施和缺件资料。

（4）准备图纸、检验单、作业卡。打印或填写新装（增容）送电单、营销现场作业安全卡。

（5）作业前应正确佩戴好安全帽，保持仪容仪表整洁干净，佩戴好工作证件、着统一工装、穿好绝缘鞋，并携带所需工器具。

（6）检查移动作业终端，并下载工作任务单。

（7）作业前的组织和技术措施参照 Q/GDW 1799.1—2013《国家电网公司电力安全工作规程（变电部分）》要求。

4.2 材料和备品、备件

材料和备品、备件见表 2–4–2。

表 2–4–2 材料和备品、备件

序号	名称	型号及规格	单位	数量	备注
1	熔丝	根据客户类别配置	m	根据作业需求	
2	封印		只	根据作业需求	
3	封印线		张	根据作业需求	
4	螺丝		个	根据作业需求	
5	绝缘导线		m	根据作业需求	
6	绝缘胶带		卷	根据作业需求	

4.3 工器具和仪器仪表

工器具和仪器仪表见表 2–4–3。

表 2–4–3 工器具和仪器仪表

序号	名称	型号及规格	单位	数量	安全要求
1	安全帽		顶	1	（1）仪器仪表安全工器具应检验合格，并在有效期内。 （2）其他：根据现场需求配置
2	绝缘手套		副	1	
3	绝缘靴				
4	接地线				
5	验电笔				
6	警示围栏、警示标志				
7	棉纱防护手套		副	1	
8	移动作业终端		只	1	
9	照明工具		只	1	
10	相机		台	1	
11	核相仪				
12	测量工具（水平尺、游标卡尺、测距仪、卷尺等）		只	1	
13	工具包		只	1	

4.4 技术资料

技术资料主要包括业扩报装现场标准化作业的相关资料，见表 2–4–4。

表 2-4-4　　技术资料

序号	技术资料名称	现场查勘	中间检查	竣工检验	送电	提供人
1	客户用电登记表	√	√	√	√	用户
2	客户主要用电设备清单	*	*	*	√	用户
3	联系人资料表	*	*	*	√	用户
4	客户身份证明	√	√	√	√	用户
5	客户产权证明	√	√	√	√	用户
6	总平面图复印件	*	*	√	√	用户
7	新装（增容）现场查勘单	√	√	√	√	工作人员
8	设计图纸		√	√	√	用户
9	客户受电工程设计文件审核意见单		√	√	√	工作人员
10	客户隐蔽工程中间检查及施工质量检查意见单			√	√	工作人员
11	隐蔽工程（接地网）试验报告			√	√	用户
12	客户受电工程新设备加入系统申请表			√	√	工作人员
13	竣工图纸及说明（蓝图）（包括目录、设计说明、一次主接线图、设备配置图、平面布置图、配电室土建剖面布置图、配电房接地网图、保护配置图、材料清单）			√	√	用户
14	电气设备交接试验报告（包括变压器、断路器、互感器、计量箱柜、避雷器、电容器、电缆、套管等）、试验单位资质证书复印件			√	√	用户
15	主要设备的型式试验报告（包括变压器、高压柜、断路器、隔离开关、负荷开关），低压设备3C 认证			√	√	用户
16	保护整定调试记录及保护整定单			√	√	用户
	计量中心检定/校准委托协议书			√	√	用户
17	接地电阻测试报告			√	√	用户
18	新装（增容）受电工程竣工检验意见单				√	工作人员
19	《供用电合同》（含电费结算协议等附件）正本				√	工作人员
20	电能计量装接单				√	工作人员
21	新装（增容）送电单				√	工作人员
22	自备电源相关资料				√	用户

注：1. “*”表示该环节资料可不提供；“√”表示该环节资料应具备。
2. 若用户存在自备电源应提供自备电源相关资料，若不存在则无需提供。
3. 对于业扩报装过程中缺件用户，应填写《缺件承诺书》，送电前应将所有缺件补齐。

4.5 危险点分析及预防控制措施

危险点分析及预防控制措施见表2-4-5。

表2-4-5 危险点分析及预防控制措施

分类	现场安全作业关键风险点	预控措施
通用部分	供电电源配置与客户负荷重要性不相符	提高业扩查勘质量，严格审核客户用电需求、负荷特性、负荷重要性、生产特性、用电设备类型等，掌握客户用电规划
	供电线路容量不能满足客户用电负荷需求	根据客户负荷等级分类，尤其是重要客户，要严格按照《国家电网公司业扩供电方案编制导则（试行）》等相关规定来制定供电方案
	特殊客户（谐波源、冲击性负荷）的供电电压、接入点、继电保护方式选择不合理	非线性客户要求其进行电能质量评估，整治方案和措施必须做到"四同步"
	未向重要客户提供双电源供电方案，重要客户未配备电与非电性质的保安措施	内部要建立供电方案审查的相关制度，规范供电方案的审查工作
	使用不合格的个人防护用品，或使用的防护用品不齐全。进入作业现场未按规定正确佩戴安全帽、着装	1. 进入作业现场，必须穿全棉长袖工作服、绝缘鞋（靴）、戴安全帽，低压作业戴低压作业防护手。 2. 工作负责人监督工作班成员正确使用劳动防护用品
	擅自操作客户设备	1. 明确产权分界点，加强监护，严禁操作客户设备。 2. 确需操作的，必须由用户专业人员进行
	接触金属表箱前未进行验电	工作前要使用验电笔对金属计量箱、终端箱外壳及金属裸露部分进行验电，并确认计量箱外壳可靠接地
	工作人员注意力不集中，未注意地面的沟坑、洞和施工机械，从事与工作无关的事情	工作人员应保持精力集中，注意地面的沟、坑、洞和基建设备等，防止摔伤、碰伤
	客户业扩报装资料保管不当，导致业扩报装各环节的资料不完整	1. 制订客户纸质档案管理办法，配备专职人员或兼职人员，严格按照档案管理要求，规范完整保管业扩报装过程中形成的营业资料； 2. 营销业务应用中的客户信息须与客户纸质档案相一致
	误碰带电设备触电，误入运行设备区域触电、客户生产危险区域	1. 要求客户方或施工方进行现场安全交底，做好相关安全技术措施，确认工作范围内的设备已停电、安全措施符合现场工作需要，明确设备带电与不带电部位、施工电源供电区域。 2. 工作人员应在客户电气工作人员的带领下进入工作现场，并在规定的工作范围内工作，应清楚了解现场危险点、安全措施等情况。 3. 不得随意触碰、操作现场设备，防止触电伤害
	高空抛物	高处作业上下传递物品，不得投掷，必须使用工具袋并通过绳索传递，防止从高空坠落发生事故
	仪器仪表损坏	规范使用仪器仪表，选择合适的量程
现场勘查	查看带电设备时，安全措施不到位，安全距离不满足，误碰带电设备	1. 现场查看负责人应具备单独巡视电气设备资格。 2. 进入带电设备区现场勘查工作至少两人共同进行，实行现场监护。 3. 勘查人员应掌握带电设备的位置，与带电设备保持足够安全距离，注意不要误碰、误动、误登运行设备
	对客户的特殊负荷识别不准确	1. 提高业扩查勘质量，严格审核客户用电需求、负荷特性、负荷重要性、生产特性、用电设备类型等，掌握客户用电规划。 2. 全面、详细了解客户的生产过程和工艺，掌握客户的负荷特性。根据客户负荷等级分类，严格按照《供电营业规则》《国家电网公司业扩供电方案编制导则》等相关规定执行。 3. 对有非线性负荷的客户要求其进行电能质量评估，整治方案和措施必须做到"四同步"

续表

分类	现场安全作业关键风险点	预控措施
现场勘查	特殊作业区域未做好个人防护	1. 根据作业区域的不同，采取不同的防护等级。 2. 原则上不进入隔离病区等区域，如进入须在专业的医务人员指导下穿戴防护用品，严格执行防护措施
中间检查	对隐蔽工程实施检查时，对高空落物、地面孔（洞）及锐物等危险点防护不到位	1. 进入现场施工区域，必须穿工作服、戴安全帽，携带必要照明器材。 2. 需攀登梯子时，要落实防坠落措施，并在有效的监护下进行。 3. 注意观察现场孔（洞）及锐物，人员相互提醒，防止踏空、扎伤。 4. 不得在高空落物区通行或逗留
	误入高压试验等施工作业危险区域	1. 要求用户（或用户业扩工程施工单位）在危险区域按规定设置警示围栏。 2. 检查人员不得擅自进入试验现场设置的警示围栏内
	误碰带电设备触电；误入运行设备区域触电、客户生产危险区域	1. 中间检查工作至少两人共同进行。 2. 要求客户方或施工方进行现场安全交底，做好相关安全技术措施，确认工作范围内的设备已停电、安全措施符合现场工作需要，明确设备带电与不带电部位、施工电源供电区域。 3. 不得随意触碰、操作现场设备，防止触电伤害
	未对检查发现的现场安装设备、接线方式与设计图纸不符等情况提出整改意见	1. 检查前再次研究已答复的供电方案和经审查的初步设计，确定重点检查内容。 2. 事先了解用户业扩工程的进展情况和施工单位的质量管理情况，拟定检查的关键点。 3. 业扩中间检查时发现的隐患，及时出具书面整改意见，督导客户落实整改措施
	对中间检查发现问题的整改情况监督、落实不到位	1. 对中间检查发现问题逐个登记，并分析其严重程度。 2. 对影响用户安全运行的，应通过问题跟踪和检查验证的方式，督促用户整改。 3. 明确告知用户，只有中间检查合格后方可进行后续工程施工，形成闭环管理。否则，供电企业不予对工程进行竣工检验
	乱扔烟蒂引发责任性火灾	1. 检查人员严禁在禁烟区吸烟。 2. 发现其他人员吸烟的，应予以当场制止，并要求用户建立和落实施工现场的禁烟制度
竣工检验	检验组织者未交代检验范围、带电部位和安全注意事项	1. 现场负责人对工作现场进行统一安全交底，交代检验范围、带电部位和安全注意事项。 2. 验收人员应注意现场警示标识，与运行设备保持足够的安全距离
	查看带电设备时，安全措施不到位，安全距离不满足，误碰带电设备	1. 竣工检验工作至少两人共同进行。 2. 竣工检验人员应掌握带电设备的位置，与带电设备保持足够安全距离，注意不要误碰、误动、误登运行设备
	误碰带电设备、误入客户生产危险区域	1. 要求客户方或施工方进行现场安全交底，做好相关安全技术措施。 2. 确认工作范围内的设备已停电、安全措施符合现场工作需要。 3. 明确设备带电与不带电部位、施工电源供电区域。 4. 检验时需碰及电气一次设备必须采取验电措施
	未对检验发现的现场安装设备、接线方式与设计图纸不符等情况提出整改意见	1. 检查前再次研究已答复的供电方案和经审查的初步设计，确定重点检查内容。 2. 逐个核实中间检查发现问题的整改记录和现场情况。 3. 检查时发现的隐患，及时出具书面整改意见，督导客户落实整改措施

续表

分类	现场安全作业关键风险点	预控措施
竣工检验	对竣工检验发现问题的整改情况监督、落实不到位	1. 对发现问题逐个登记，并分析其严重程度。 2. 对影响用户安全运行的，应通过问题跟踪和检查验证的方式，督促用户整改。 3. 明确告知用户，只有复验合格后方允许接入电网
	多专业、多班组工作协调配合不到位出现组织措施、技术措施缺失或不完整	1. 涉及多专业、多班组参与的项目，由竣工检验现场负责人牵头，由各相关专业技术人员参加，成立检验小组，并明确各专业的职责。 2. 现场负责人对工作现场进行统一安全交底，再次明确职责，各专业负责落实相关安全措施和责任。现场负责人应做好现场协调工作。 3. 现场工作必须由客户方或施工方熟悉环境和电气设备的人员配合进行
送电	多专业、多班组工作协调配合不到位出现组织措施、技术措施缺失或不完整	1. 涉及多专业、多班组参与的项目，由送电现场负责人牵头，并明确各专业人员工作职责。 2. 现场负责人对工作现场进行统一安全交底，再次明确职责，各专业负责落实相关安全措施和责任。现场负责人应做好现场协调工作。 3. 现场工作必须由客户方或施工方熟悉环境和电气设备的人员配合进行。 4. 35kV 及以上业扩工程，应成立启动委员会，制定启动方案并按规定执行。35kV 以下双电源、配有自备应急电源和客户设备部分运行的项目，应制定切实可行的投运启动方案。所有高压受电工程接电前，必须明确投运现场负责人，由现场负责人（客服中心）组织各相关专业技术人员参加，成立投运工作小组。由现场负责人组织开展安全交底和安全检查，明确职责，各专业分别落实相关安全措施并向负责人确认设备具备投运条件
	双（多）电源切换装置或不并网自备电源闭锁不可靠	1. 双（多）电源之间必须正确装设切换装置和可靠的联锁装置。 2. 对开关进行试跳、接电时进行核相，确保在任何情况下，均无法向电网倒送电。 3. 检查电源切换的逻辑关系是否正确
	客户工程未竣工检验或检验不合格即送电	1. 未经检验或检验不合格的客户受电工程，严禁接（送电）。 2. 发现未经检验或检验不合格但已擅自送电的客户受电工程，必须立即采取停电措施
	工作现场清理不到位，安全措施未解除，未达到投运条件	1. 送电前应先对临时电源进行销户并拆除与供电电源点的一次连接线； 2. 送电前，应认真检查设备状况，有无遗漏安全措施未拆除，确保现场检查到位
	未正确核对客户受电设备状态进行停（送）电	严格执行现场停（送）电管理制度
	未严格执行投运启动方案	1. 送电前必须核对设备命名。 2. 严格执行投运启动方案，按调度指令项执行。 3. 不得擅自简化启动方案环节

4.6 人员职责

人员职责见表 2-4-6。

表2-4-6　　人员职责

序号	人员类别	职责	作业人员要求
1	工作负责人（客户经理）	（1）正确安全的组织工作。 （2）负责检查作业卡所列安全措施是否正确完备、是否符合现场实际条件，必要时予以补充。 （3）工作前对工作班成员进行危险点告知。 （4）严格执行作业卡所列安全措施。 （5）督促、监护工作班成员遵守电力安全工作规程，正确使用劳动防护用品和执行现场安全措施。 （6）工作班成员精神状态是否良好，变动是否合适。 （7）交代作业任务及作业范围，掌控作业进度，完成作业任务。 （8）监督工作过程，保障作业质量	要求1人
2	专责监护人	（1）明确被监护人员和监护范围。 （2）作业前对被监护人员交代安全措施，告知危险点和安全注意事项。 （3）监督被监护人遵守电力安全工作规程和现场安全措施，及时纠正不安全行为。 （4）负责所监护范围的工作质量	对有触电危险、检修（施工）复杂容易发生事故的工作应增设专责监护人
3	工作班成员	（1）熟悉工作内容、作业流程，掌握安全措施，明确工作中的危险点，并履行确认手续。 （2）严格遵守安全规章制度、技术规程和劳动纪律，对自己工作中的行为负责，互相关心工作安全，并监督电力安全工作规程的执行和现场安全措施的实施。 （3）正确使用安全工器具和劳动防护用品。 （4）完成工作负责人安排的作业任务并保障作业质量	根据作业内容与现场情况确定作业人数
4	客户	（1）对自己工作中的行为负责，互相关心工作安全，并监督现场安全措施的实施。 （2）正确使用安全工器具和劳动防护用品。 （3）进行现场安全交底，做到对现场危险点、安全措施等情况清楚了解。 （4）在危险区域按规定设置警示围栏或警示标志。 （5）负责停电、验电、接地、悬挂标示牌、装设遮栏（围栏）等安全措施的实施。 （6）负责范围内工作的签发、许可。 （7）负责通知施工单位、设计单位等配合单位人员到场	根据作业内容与现场情况确定，第（5）～（7）点中间检查、竣工检验、送电环节需要

4.7　人员要求

工作人员的身体、精神状态，工作人员的资格包括作业技能、安全资质等，具体见表2-4-7。

表2-4-7　　人员要求

序号	内容	备注
1	（1）熟悉《电力法》《电力供应与使用条例》《供电营业规则》《合同法》及上级有关电力营业管理文件。 （2）熟悉电力生产过程和电力系统、变电站电气设备基本原理。 （3）掌握国家的电价电费政策和电力营销的管理制度、业务流程、各项用电收费标准。 （4）掌握电价电费计算、供用电业务、电能计量、用电检查、市场开拓等有关的专业技术理论知识。 （5）了解相关行业用电客户的用电性质、负荷性质和用电特点，了解有关电气设计、施工、验收的技术标准、规程。 （6）工作负责人应由有本专业工作经验、熟悉工作范围内的设备情况、熟悉Q/GDW 1799.1—2013《国家电网公司电力安全工作规程（变电部分）》，并经工区（车间）批准的人员担任，名单应公布	工作负责人（客户经理）

续表

序号	内容	备注
2	专责监护人应由具有相关专业工作经验，熟悉工作范围内的设备情况和 Q/GDW 1799.1—2013《国家电网公司电力安全工作规程（变电部分）》的人员担任	专责监护人
3	（1）经医师鉴定，无妨碍工作的病症（体格检查每两年至少一次）；身体状态、精神状态应良好。 （2）具备必要的电气知识和业务技能，且按工作性质，熟悉 Q/GDW 1799.1—2013《国家电网公司电力安全工作规程（变电部分）》的相关部分，并应经考试合格。 （3）具备必要的安全生产知识，学会紧急救护法，特别要学会触电急救。 （4）熟悉本作业指导书，并经上岗培训、考试合格	工作班成员
4	（1）熟悉工作范围内的设备情况。 （2）清楚厂区内的危险点。 （3）清楚用电性质、负荷性质、用电特点和报装需求。 （4）有持有效证书的高压电气工作人员	客户

5 工作流程图

根据业扩报装服务现场作业全过程，本指导书将业扩报装服务现场作业分为现场勘查、中间检查、竣工检验、送电（装表接电）四个环节，下面以最佳的步骤和顺序，将接受任务到资料归档的全过程的流程用流程图形式表达，如图 2-5-1 所示。对于普通客户，取消设计文件审查和中间检查环节，实行主动服务制。

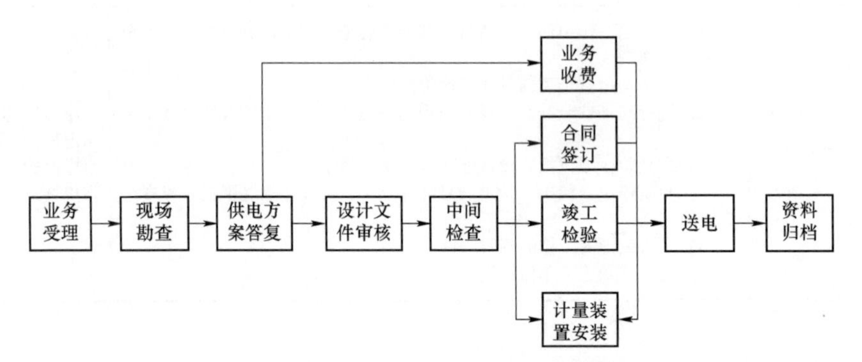

图 2-5-1　高压业扩报装工作流程图

5.1 现场勘查工作流程

高压业扩报装现场勘查流程图如图 2-5-2 所示。

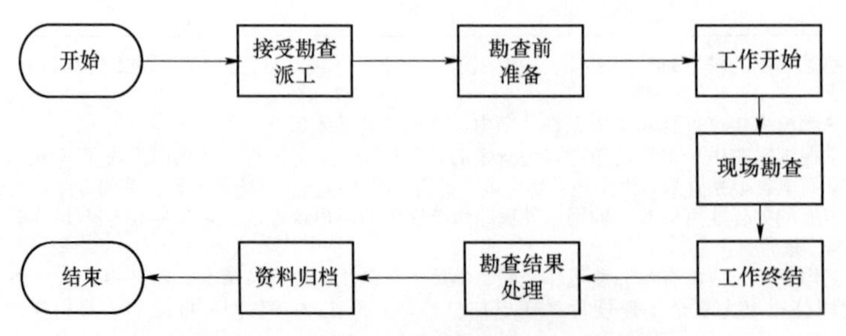

图 2-5-2　高压业扩报装现场勘查流程图

5.2　中间检查工作流程

高压业扩报装中间检查流程图如图 2–5–3 所示。

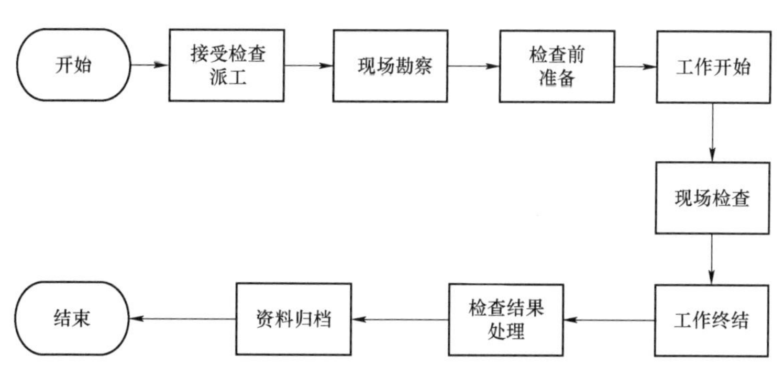

图 2–5–3　高压业扩报装中间检查流程图

5.3　竣工检验工作流程

高压业扩报装竣工检验流程图如图 2–5–4 所示。

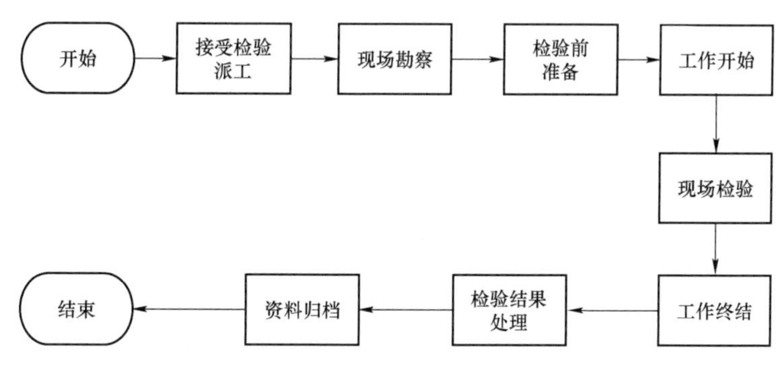

图 2–5–4　高压业扩报装竣工检验流程图

5.4　送电工作流程

高压业扩报装送电流程图如图 2–5–5 所示。

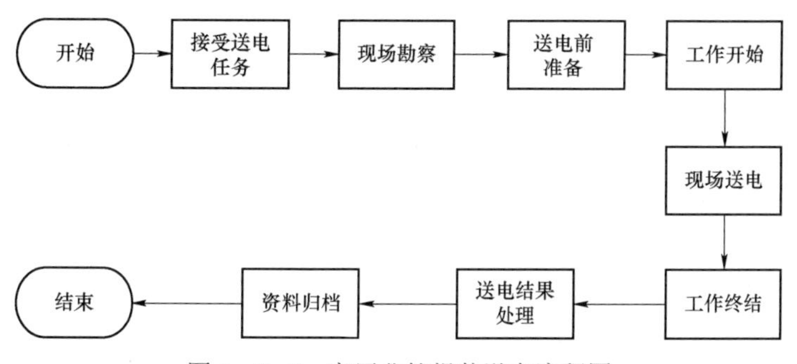

图 2–5–5　高压业扩报装送电流程图

6 工作程序与作业规范

6.1 现场勘查

6.1.1 工作组织

（1）现场勘查工作应根据客户申请，经本单位（班组）有关负责人的指派后，方可组织实施。

（2）现场勘查工作应使用《营销现场安全作业卡》。

（3）现场勘查人员应在客户带领下方能进入工作现场，并在规定的工作范围内工作。

（4）现场勘查工作至少两人共同进行，实行现场监护。

（5）工作负责人（客户经理）应确认所有工作已完毕，所有工作人员已撤离，做好勘查意见拟定并经各方签字确认后，方能结束现场勘查工作。

6.1.2 作业流程、内容及要求

1. 勘查前准备

现场勘查前准备工作参照本指导书第 2 部分 4.1.1 执行。

2. 现场勘查

（1）客户基本情况调查。

1）通过调查、核对，了解客户名称、用电地址、法定代表人、电气联系人、联系电话等是否与客户提供的申请资料对应。

2）通过调查、核对，对照相关法律、法规，确认客户申请用电项目的合法性，内容包括：核对用电地址的国有资源使用、法人资格有效性及项目的审批及用电设备使用是否符合国家相关法律、法规的规定等。

3）通过询问，了解该项目的投资情况、资金来源、发展前景及计划完工时间。

4）通过询问并结合客户提供的《客户主要用电设备清单》，调查、核对客户有无冲击负荷、非对称负荷及谐波源设备；了解客户用电设备对电能质量及供电可靠性的要求；了解客户是否有多种性质的负荷存在。

5）通过询问，了解客户生产工艺、用电负荷特性、特殊设备对供电的要求等。

6）通过询问，了解客户有无热泵、蓄能锅炉、冰蓄冷技术等设备的应用计划。

7）通过询问，了解资金运作及信用情况，拟订客户电费支付保证措施实施的方式及可行性。

8）对高危及重要客户，应调查、了解高危及重要客户的重要负荷组成情况。

9）通过询问，了解客户用能设备是否具备电能替代条件，并推荐替代方案。

10）通过询问，了解客户是否存在分布式光伏等综合能源业务需求。

（2）客户受电点情况调查。

1）现场了解、核查客户用电地址待建（已建）建（构）筑物对系统网架及电网规划等是否造成影响。

2）现场核查、确认客户的用电负荷中心；通过查看建筑总平面图、变配电设施设计资料等方式，初步确定变（配）电站的位置。

3）通过询问及查看变配电设施设计资料，了解变配电所或主设备附近有无影响设备运行或安全生产的设施（物品）。

4）确认初步确定的变（配）电站与周边建筑的距离是否符合规定要求。

（3）客户受电容量和供电电压及供电电源点数量的确定

1）通过调查、核对，了解客户近期及远期的实际用电设备装机容量、设备使用的同时率、单机设备最大容量及启动方式、自然功率因素等用电设备状况。

2）通过调查、核对，了解客户用电设备的实际分布及综合使用情况。

3）根据客户的综合用电状况，了解主设备（主要指配电变压器、高压电机）的数量、分布状况，初步确定客户的总受电容量。

4）对照相关标准，根据客户用电地址、初定的总受电容量、用电设备对电能质量的要求、用电设备对电网的影响、周边电网布局，结合电网的近远期规划，初定客户的供电电压。

5）根据客户的负荷特性，对供电的要求，结合相关规定，拟订客户供电电源点的数量及电源点之间的关联关系。

（4）电源接入方案的确定。

1）根据初定的客户受电容量、供电电压及供电电源点数量要求，结合周边的电网布局、电网的供电能力，供电点的周边负荷发展趋势及局部电网规划，拟订供电电源接入方案。

2）根据拟订的电源接入方案，结合被接入电源设备状况，初步确定电源接入点的位置（接电间隔、接户杆）及接电方案。

3）初步确定电源引入方案（包括进线方式及走向），并初步确定实施的可能性。

（5）计费、计量方案的确定。

1）根据客户用电设备实际使用情况，客户的用电负荷性质、客户的行业分类，对照国家的电价政策，初步确定客户受电点的计费方案。

2）根据初定的供电方式、核定的供电容量以及初定的计费方案，拟定合理的计量方案。

3）根据拟定的计量方案，初步完成计量装置的配置和计量装置安装形式的确定工作。

3. 工作终结

（1）工作负责人（客户经理）确认所有勘查项目已完成。

（2）工作负责人（客户经理）确认工作班人员已全部撤离，现场已清理完毕。

4. 勘查结果处理

（1）工作负责人（客户经理）应完成对所有参加勘查人员的意见收集和汇总工作，并拟定勘查意见。

（2）现场具备供电条件的，做好初步方案确定工作，完成工单现场勘查环节并下发。

（3）现场不具备供电条件的，应在勘查意见中说明原因，向客户做好解释工作，并由客户签字确认。勘查人员发现客户现场存在违约用电、窃电嫌疑等异常情况，应做好记录，及时报相关责任部门处理，并暂缓办理该客户用电业务。在违约用电、窃电嫌疑排查处理完毕后，重新启动业扩报装流程。

5. 资料归档

工作结束后，高压现场勘查单、营销现场安全作业卡以及现场补收的缺件资料应由专人妥善存放，并及时归档。

6.2　中间检查

6.2.1　工作组织

（1）中间检查工作应在受理客户中间检查申请，经本单位（班组）有关负责人的指派后，方可组织实施。

（2）中间检查工作应使用第一种工作票或营销现场安全作业卡。高压客户增容受电工程中间检查需停电的，应使用《第一种工作票》，工作票实行双签发制度，由供电企业和客户签发，由客户电气值班人员许可，客户经理为工作负责人。

（3）中间检查人员在客户带领下方能进入工作现场，并在规定的工作范围内工作。

（4）中间检查工作至少两人共同进行，实行现场监护。

（5）工作负责人（客户经理）应确认所有工作已完毕，所有工作人员已撤离，做好检查结果处理并经各方签字确认后，方能结束中间检查工作。

6.2.2 作业流程、内容及要求

1. 现场勘察

（1）使用第一种工作票的工作，应按规定进行现场勘察。其他复杂工作及工作负责人或签发人认为有必要时应进行现场勘察。

（2）现场勘察应查看营销作业需要停电的范围、保留的带电部位、交叉跨越、多路供电电源、自备电源、施工电源、分布式电源、地下管线设施和作业现场的条件、环境及其他影响作业的危险点，并提出针对性的安全措施和注意事项。

（3）应掌握相关设备状态信息情况，特别是接入点相关设备状态以及电气分界点的接线状况。

2. 检查前准备

中间检查前准备工作参照本指导书第 2 部分 4.1.2 执行。

3. 工作开始

（1）工作负责人（客户经理）向客户收取缺件资料，并对资料进行审核。

（2）工作负责人（客户经理）应要求客户方或施工方进行现场安全交底，做好相关安全技术措施，确认工作范围内的设备已停电、安全措施符合现场工作需要，明确设备带电与不带电部位、施工电源供电区域。

（3）工作负责人（客户经理）布置工作任务、人员分工、安全措施和注意事项。工作班成员确认工作负责人布置的工作任务、人员分工、安全措施和注意事项并签名。

4. 现场检查

现场检查时，应查验施工企业、试验单位是否符合相关资质要求，重点检查涉及电网安全的隐蔽工程施工工艺、计量相关设备选型等项目。

5. 工作终结

（1）工作负责人（客户经理）确认所有中间检查项目已完成。

（2）工作负责人（客户经理）确认工作班人员已全部撤离，现场已清理完毕。

6. 检查结果处理

（1）工作负责人（客户经理）应完成对所有参加现场检查人员的意见收集和汇总工作，并填写检查意见。

（2）对于客户受电工程存在缺陷的，应以客户受电工程中间检查意见单的形式一次性告知客户，请客户代表确认后签字。指导客户对缺陷进行整改，跟踪整改进度，复验直至检验合格，复验合格后方可继续施工。对未实施中间检查的隐蔽工程，应书面向客户提出返工要求。

（3）对于客户受电工程检验通过的，应在客户受电工程中间检查意见单上填写检验结论，请客户代表签收。完成工单中间检查环节并下发。告知客户竣工报验、费用缴纳等事项。

7. 资料归档

工作结束后，客户受电工程中间检查意见单、客户受电工程中间检查作业卡、第一种工作票（营销现场安全作业卡）以及现场补收的缺件资料应由专人妥善存放，并及时归档。

6.3　竣工检验

6.3.1　工作组织

（1）竣工检验工作应在受理客户竣工报验申请后，经本单位（班组）有关负责人的指派后，方可组织实施。

（2）竣工检验工作应使用《第一种工作票》或《营销现场安全作业卡》。高压客户增容受电工程竣工检验需停电的，应使用《第一种工作票》，工作票实行双签发制度，由供电企业和客户签发，由客户电气值班人员许可，客户经理为工作负责人。

（3）竣工检验人员应在客户带领下方能进入工作现场，并在规定的工作范围内工作。

（4）竣工检验工作至少两人共同进行，实行现场监护。

（5）工作负责人（客户经理）应确认所有工作已完毕，所有工作人员已撤离，做好检验结果处理并经各方签字确认后，方能结束竣工检验工作。

6.3.2　作业流程、内容及要求

1. 现场勘察

（1）使用第一种工作票的工作，应按规定进行现场勘察。其他复杂工作及工作负责人或签发人认为有必要时应进行现场勘察。

（2）现场勘察应查看营销作业需要停电的范围、保留的带电部位、交叉跨越、多路供电电源、自备电源、施工电源、分布式电源、地下管线设施和作业现场的条件、环境及其他影响作业的危险点，并提出针对性的安全措施和注意事项。

（3）应掌握相关设备状态信息情况，特别是接入点相关设备状态以及电气分界点的接线状况。

2. 检验前准备

竣工检验前准备工作参照本指导书第 2 部分 4.1.3 执行。

3. 工作开始

（1）工作负责人（客户经理）向客户收取缺件资料，并对资料进行审核。

（2）工作负责人（客户经理）应要求客户方或施工方进行现场安全交底，做好相关安全技术措施，确认工作范围内的设备已停电、安全措施符合现场工作需要，明确设备带电与不带电部位、施工电源供电区域。

（3）工作负责人（客户经理）布置工作任务、人员分工、安全措施和注意事项。工作班成员确认工作负责人布置的工作任务、人员分工、安全措施和注意事项并签名。

4. 现场检验

按照国家标准、行业标准、规程和客户竣工报验资料，对受电工程涉网部分进行全面检验。检验内容包括：

（1）电源接入方式、受电容量、电气主接线、运行方式、无功补偿、自备电源、计量配置、保护配置等是否符合供电方案。

（2）电气设备是否符合国家的政策法规，以及国家、行业等技术标准，是否存在使用国家明令禁止的电气产品。

（3）试验项目是否齐全、结论是否合格。

（4）计量装置配置和接线是否符合计量规程要求，用电信息采集及负荷控制装置是否配置齐全，是否符合技术规范要求。

（5）冲击负荷、非对称负荷及谐波源设备是否采取有效的治理措施。

（6）双（多）路电源闭锁装置是否可靠，自备电源管理是否完善、单独接地、投切装置是否符合要求。

（7）重要电力用户保安电源容量、切换时间是否满足保安负荷用电需求，非电保安措施及应急预案是否完整有效。

（8）供电企业认为必要的其他资料或记录。

5. 工作终结

（1）工作负责人（客户经理）确认所有中间检查项目已完成。

（2）工作负责人（客户经理）确认工作班人员已全部撤离，现场已清理完毕。

6. 检验结果处理

（1）工作负责人（客户经理）应完成对所有参加现场检验人员的意见收集和汇总工作，并填写检验意见。

（2）对于客户受电工程存在缺陷的，应以客户受电工程竣工检验意见单的形式一次性告知客户，请客户代表确认后签字。指导客户对缺陷进行整改，跟踪整改进度，复验直至检验合格。

（3）对于客户受电工程检验通过的，应在客户受电工程竣工检验意见单上填写检验结论，请客户代表签收。完成工单竣工检验环节并下发。告知客户送电要求、合同签订等事项。

7. 资料归档

工作结束后，客户受电工程竣工检验意见单、客户受电工程竣工检验作业卡、第一种工作票（营销现场安全作业卡）以及现场补收的缺件资料应由专人妥善存放，并及时归档。

6.4 送电

6.4.1 工作组织

（1）送电工作应根据客户需求，经本单位（班组）有关负责人的指派后，方可组织实施。

（2）送电工作应使用营销现场安全作业卡。

（3）送电工作必须有客户方或施工方熟悉环境和电气设备且具备相应资质人员配合进行。送电前，客户方电气负责人应认真检查设备状况，有无遗漏临时措施，确保现场清理到位。

（4）送电工作至少两人共同进行，实行现场监护。

（5）送电前应确认客户现场已经具备送电条件，方可实施送电。

（6）送电过程发现异常时，应停止送电，查明原因并排除异常后方可继续送电。

（7）工作负责人（客户经理）应确认所有工作已完毕，所有工作人员已撤离，送电后检查正常并填写送电结果经客户签字确认后，方能结束送电工作。

6.4.2　作业流程、内容及要求

1. 现场勘察

（1）现场勘察应查看营销作业需要停电的范围、保留的带电部位、交叉跨越、多路供电电源、自备电源、施工电源、分布式电源、地下管线设施和作业现场的条件、环境及其他影响作业的危险点，并提出针对性的安全措施和注意事项。

（2）应掌握相关设备状态信息情况，特别是接入点相关设备状态以及电气分界点的接线状况。

（3）核实用户通电时间需求，告知客户在送电前应预先完成的准备工作、注意事项及安全措施，确认送电现场的客户方送电负责人及值班电工。

2. 送电前准备

送电前准备工作参照本指导书第 2 部分 4.1.4 执行。

3. 工作开始

（1）确定送电作业涉及供、用双方相关人员是否全部到场，人员的精神状态是否满足送电的要求，涉及送电作业的各种器具是否齐全。

（2）核实接电工作已完成，与运检、调度人员确认进线电源工作状态。

（3）工作负责人（客户经理）布置工作任务、人员分工、安全措施和注意事项。

（4）要求客户方或施工方进行现场安全交底，做好相关安全技术措施，确认工作范围内的设备已停电、安全措施符合现场工作需要，明确设备带电与不带电部位、施工电源供电区域，不得随意触碰、操作现场设备，防止触电伤害。

4. 现场送电

（1）待送电设备检查，包括：

1）核查电能计量装置的封印等是否齐全。

2）检查一次设备是否正确连接，送电现场是否工完、料尽、场清。

3）检查所有保护设备是否投入正常运行，直流系统运行是否正常。

4）检查现场送电前的安全措施是否完全到位，所有接地线已拆除；所有无关人员已离开作业现场。

5）检查客户自备应急电源与电网电源之间的切换装置和联锁装置是否可靠。

6）调度协议用户，按要求核实通信通道是否正常。

（2）工作负责人（客户经理）应完成对所有设备检查人员的意见收集和汇总，明确是否具备送电现场条件。若具备送电现场条件，确认所有人员已经撤离工作现场，待送电设备状态与投运前要求一致，指导客户电气人员按照投运方案实施现场的送电操作；若不具备送电现场条件，协调客户、施工单位开展现场整改，直至再次确认符合送电现场条件，方可开展送电工作。

（3）送电后检查。

1）全面检查一次设备的运行状况。

2）核对一次相位、相序。

3）检查电能计量装置、现场服务终端，运转、通信是否正常，相序是否正确。

5. 工作终结

（1）工作负责人（客户经理）应确认送电已完成并检查正常，所有工作人员已撤离现场。

（2）指导客户电气人员落实对已送电变电站、配电房的安全措施。

6. 送电结果处理

（1）按照“新装（增容）送电单”格式记录送电人员、送电时间、变压器启用时间及相关情况。

（2）将填写好的“新装（增容）送电单”交与客户签字确认，并告知客户后续用电安全注意事项。

（3）录入营销业务系统：完成高压客户现场拍照上传，GIS 定位，根据实际的送电时间，在营销系统内填写好变压器的实际投运时间，并将流程从送电环节发出。

7. 资料归档

工作结束后，新装（增容）送电单、营销现场安全作业卡以及现场补收的缺件资料应由专人妥善存放，并及时归档。

7 报告和记录

本标准化作业指导书形成的报告和记录见表 2–7–1。

表 2–7–1 报告和记录

序号	编号	名称	保存期限	保存地点
1	7.1	申请资料清单	不少于 1 年	档案室
2	7.2	用电申请缺件通知书		班组
3	7.3	高压现场勘查单		档案室
4	7.4	客户受电工程中间检查意见单		档案室
5	7.5	客户受电工程竣工检验意见单		档案室
6	7.6	新装（增容）送电单		班组
7	7.7	受电工程缺陷整改通知单		档案室
8	7.8	客户受电工程中间检查现场工作卡		班组
9	7.9	客户受电工程竣工检验现场工作卡		班组
10	7.10	新装（增容）送电现场工作卡		档案室
11	7.11	业扩报装现场作业安全卡		班组
12	7.12	变电站（发电厂）第一种工作票		档案室
13	7.13	变电站（发电厂）第二种工作票		档案室
14	7.14	配电第一种工作票		班组
15	7.15	配电第二种工作票		班组

7.1　申请资料清单（范本模板）

国家电网
STATE GRID
你用电·我用心
Your Power Our Care

申请资料清单

资料名称	资料说明	备注
1. 自然人有效身份证明	身份证、军人证、护照、户口簿或公安机关户籍证明	以个人名义办理，仅限居民生活用电
2. 法人代表（或负责人）有效身份证明复印件	同自然人	以法人或其他组织名义办理
3. 法人或其他组织有效身份证明	营业执照（或组织机构代码证，宗教活动场所登记证，社会团体法人登记证书，军队、武警出具的办理用电业务的证明）	
4. 房屋产权证明或其他证明文书	（1）《房屋所有权证》《国有土地使用证》《集体土地使用证》； （2）《购房合同》； （3）含有明确房屋产权判词且发生法律效力的法院法律文书（判决书、裁定书、调解书、执行书等）； （4）若属农村用房等无房产证或土地证的，须由所在镇（街道、乡）及以上政府或房管、城建、国土管理部门根据所辖权限开具产权合法证明	申请永久用电 左边所列四项之一
	（1）私人自建房：提供用电地址产权权属证明资料； （2）基建施工项目：土地开发证明、规划开发证明或用地批准等； （3）市政建设：工程中标通知书、施工合同或政府有关证明； （4）住宅小区报装：用电地址权属证明和经规划部门审核通过的规划资料（如规划图、规划许可证等）； （5）农田水利：由所在镇（街道、乡）及以上政府或房管、城建、国土管理部门根据所辖权限开具产权合法证明	申请临时用电左边所列四项之一
5. 授权委托书	自然人办理时不需要	委托代理人办理时必备
6. 经办人有效身份证明	同自然人	
7. 房屋租赁合同		租赁户办理提供
8. 承租人有效身份证明	同自然人	
9. 一般纳税证明	银行开户信息（包括开户行名称、银行账号等）	开具增值税发票提供
10. 重要用户等级申报表和重要负荷清单		需列入重要电力用户提供
11. 政府主管部门核发的能评、环评意见		按照政府要求提供
12. 涉及国家优待电价的，应提供政府有权部门核发的意见		享受国家优待电价提供

7.2 用电申请缺件通知书（范本模板）

国家电网
STATE GRID
你用电·我用心
Your Power Our Care

用电申请缺件通知书

浙电营 30-2015

第一联：存根联

用户申报办理的__________________用电申请，所报材料尚缺如下：	
（1）	
（2）	
（3）	
（4）	
（5）	
（6）	
（7）	
（8）	
（9）	
（10）	
（11）	
（12）	
供电企业经办人： 联系电话：	收件人： 联系电话：
补齐材料日期：　　　　年　　月　　日	

7.3　高压现场勘查单（范本模板）

国家电网
STATE GRID
你用电·我用心
Your Power Our Care

高压现场勘查单

<table>
<tr><td colspan="6">客户基本信息</td></tr>
<tr><td>户　号</td><td></td><td>申请编号</td><td></td><td colspan="2" rowspan="5">（档案标识二维码，系统自动生成）</td></tr>
<tr><td>户　名</td><td colspan="3"></td></tr>
<tr><td>联系人</td><td></td><td>联系电话</td><td></td></tr>
<tr><td>客户地址</td><td colspan="3"></td></tr>
<tr><td>申请备注</td><td colspan="3"></td></tr>
<tr><td>意向接电时间</td><td colspan="5">年　月　日</td></tr>
<tr><td colspan="6">现场勘查人员核定</td></tr>
<tr><td>申请用电类别</td><td colspan="2"></td><td colspan="3">核定情况：是 □　否 □________</td></tr>
<tr><td>申请行业分类</td><td colspan="2"></td><td colspan="3">核定情况：是 □　否 □________</td></tr>
<tr><td>申请用电容量</td><td colspan="2"></td><td>核定用电容量</td><td colspan="2"></td></tr>
<tr><td>供电电压</td><td colspan="5"></td></tr>
<tr><td>接入点信息</td><td colspan="5">包括电源点信息、线路敷设方式及路径、电气设备相关情况</td></tr>
<tr><td>受电点信息</td><td colspan="5">包括变压器容量、建设类型、变压器建议类型（杆上/室内/箱变压器　油变压器 / 干变压器）</td></tr>
<tr><td>计量点信息</td><td colspan="5">包括计量装置安装位置</td></tr>
<tr><td>备注</td><td colspan="5"></td></tr>
<tr><td colspan="6">供电简图：</td></tr>
<tr><td>勘查人（签名）</td><td></td><td colspan="2">勘查日期</td><td colspan="2">年　月　日</td></tr>
</table>

7.4 客户受电工程中间检查意见单（范本模板）

国家电网
STATE GRID
你用电·我用心
Your Power Our Care

客户受电工程中间检查意见单

<table>
<tr><td>户号</td><td></td><td>申请编号</td><td></td><td rowspan="4">（档案标识二维码，系统自动生成）</td></tr>
<tr><td>户名</td><td colspan="3"></td></tr>
<tr><td>用电地址</td><td colspan="3"></td></tr>
<tr><td>联 系 人</td><td></td><td>联系电话</td><td></td></tr>
<tr><td colspan="5">现场检查意见（可附页）：

供电企业（盖章）：</td></tr>
<tr><td>检查人</td><td></td><td>检查日期</td><td colspan="2">年 月 日</td></tr>
<tr><td colspan="5">经办人签收： 年 月 日</td></tr>
</table>

7.5 客户受电工程竣工检验意见单（范本模板）

国家电网
STATE GRID
你用电·我用心
Your Power Our Care

客户受电工程竣工检验意见单

<table>
<tr><td>户号</td><td></td><td>申请编号</td><td></td><td rowspan="4">（档案标识二维码，系统自动生成）</td></tr>
<tr><td>户名</td><td colspan="3"></td></tr>
<tr><td>用电地址</td><td colspan="3"></td></tr>
<tr><td>联 系 人</td><td></td><td>联系电话</td><td></td></tr>
<tr><td colspan="3">资料检验</td><td colspan="2">检验结果（合格打“√”，不合格填写不合格具体内容）</td></tr>
<tr><td colspan="3">设计、施工、试验单位资质</td><td colspan="2"></td></tr>
<tr><td colspan="3">工程竣工图及说明</td><td colspan="2"></td></tr>
<tr><td colspan="3">主要设备的型式试验报告</td><td colspan="2"></td></tr>
<tr><td colspan="3">电气试验及保护整定调试记录</td><td colspan="2"></td></tr>
<tr><td colspan="3">接地电阻测试报告</td><td colspan="2"></td></tr>
<tr><td colspan="5">现场检验意见（可附页）：

供电企业（盖章）：</td></tr>
<tr><td>检验人</td><td></td><td>检验日期</td><td colspan="2">年 月 日
（系统自动生成）</td></tr>
<tr><td colspan="5">经办人签收：　　　　年 月 日</td></tr>
</table>

7.6 新装（增容）送电单（范本模板）

国家电网
STATE GRID
你用电·我用心
Your Power Our Care

新装（增容）送电单

<table>
<tr><td>户号</td><td colspan="2"></td><td>申请编号</td><td colspan="3"></td><td colspan="2" rowspan="5">（档案标识二维码，
系统自动生成）</td></tr>
<tr><td>户名</td><td colspan="6"></td></tr>
<tr><td>用电地址</td><td colspan="6"></td></tr>
<tr><td>联 系 人</td><td colspan="2"></td><td>联系电话</td><td colspan="3"></td></tr>
<tr><td>申请容量</td><td colspan="2"></td><td>合计容量</td><td colspan="3"></td></tr>
<tr><td>电源编号</td><td>电源性质</td><td>电源类型</td><td>供电电压</td><td>变电站</td><td>线路</td><td>杆号</td><td>变压器
台数</td><td>变压器容量</td></tr>
<tr><td></td><td></td><td></td><td></td><td></td><td></td><td></td><td></td><td></td></tr>
<tr><td colspan="9">送电结果和意见：</td></tr>
<tr><td>送电人</td><td colspan="4"></td><td colspan="2">送电日期</td><td colspan="2">年 月 日</td></tr>
<tr><td colspan="9">经办人意见：</td></tr>
<tr><td colspan="9">经办人签收： 年 月 日</td></tr>
</table>

7.7　受电工程缺陷整改通知单（范本模板）

国家电网
STATE GRID
你用电·我用心
Your Power Our Care

受电工程缺陷整改通知单

用电户号		申请编号	
客户名称		申请类别	
用电地址		联系人	
检查部门		检查人员	
联系电话		检查环节	
开始时间		完成时间	

受电工程缺陷及整改要求：

用电单位签章： 年　月　日	供电单位签章： 年　月　日

7.8 客户受电工程中间检查现场工作卡（范本模板）

客户受电工程中间检查现场工作卡

1.1 中间检查人员

由客户经理负责人组织开展客户受电工程中间检查工作，记录客户、设计单位和施工单位信息。

用户名称		用户户号			
验收单位		验收负责人			
验收日期		验收人员			
设计单位		施工单位		试验单位	
联系人		联系人		联系人	
联系电话		联系电话		联系电话	

1.2 检查内容

检查内容	检查标准	完成请打“√”
资质审核	施工、试验单位资质确认齐备	
隐蔽工程	隐蔽工程检查记录及过程控制资料和图纸齐全	
	接地网接地电阻试验合格	
	独立避雷针接地电阻试验合格	
	接地引下线导通试验	
复验	中间检查发现的问题，检查人员须以书面整改意见答复客户，客户完成整改并经再次检验	
其他		

注：1. 该验收卡可以作为《客户受电工程中间检查意见单》附页。

2. 若存在检查缺陷，客户经理需开具受电工程缺陷整改通知单，一次性完整地将检查缺陷记录并告知用户进行整改，直至检查合格。

7.9　客户受电工程竣工检验现场工作卡（范本模板）

客户受电工程竣工检验现场工作卡

1.1　验收对象及人员

由客户经理负责人组织开展客户受电工程竣工检验工作，记录客户、施工单位和设备单位信息。

用户名称		用户户号			
验收单位		验收负责人			
验收日期		验收人员			
设计单位		施工单位		试验单位	
联系人		联系人		联系人	
联系电话		联系电话		联系电话	

1.2　检查内容

检查内容	检查标准	完成请打“√”
资质材料	设计、施工、试验单位相关资质复印件齐备	
图示和试验报告	工程竣工图及说明齐备	
	变压器试验报告、高压成套电器试验报告、避雷器试验报告、电力电缆（交流）试验报告、高压柜试验报告、低压柜试验报告、接地电阻试验报告、电流电压互感器试验报告等试验报告合格	
	变压器、成套设备、高低压柜等主要设备的型式试验报告合格	
电气设备和运行方式	电源接入方式、受电容量、电气主接线、运行方式、无功补偿、自备电源、计量配置、保护配置等符合供电方案	
	变压器、成套设备、高低压柜等电气设备符合国家的政策法规和国家、行业等技术标准，不得使用国家明令禁止的电气产品	
计量装置	电能计量装置安装到位，检查接线正确，符合计量规程要求，封印到位	
	用电信息采集及负荷控制装置配置齐全	
电源和负荷情况	重要电力用户保安电源容量、切换时间满足保安负荷用电需求	
	对冲击负荷、非对称负荷及谐波源设备采取有效的治理措施	
	非电保安措施及应急预案是否完整有效	
复验	竣工检验发现的问题，检查人员须以书面整改意见答复客户，客户完成整改并经再次检验	
其他		

注：1. 该验收卡可以作为《客户受电工程竣工检验意见单》附页。

2. 若存在检查缺陷，客户经理需开具受电工程缺陷整改通知单，一次性完整地将检查缺陷记录并告知用户进行整改，直至检查合格。

7.10 新装（增容）送电现场工作卡（范本模板）

新装（增容）送电现场工作卡

1.1 送电对象及人员

由客户经理负责人组织开展客户新装（增容）送电工作，记录客户信息、施工单位信息。

用户名称		用户户号			
验收单位		验收负责人			
验收日期		验收人员			
设备单位		施工单位		试验单位	
联系人		联系人		联系人	
联系电话		联系电话		联系电话	

1.2 检查内容

检查内容	检查标准	完成请打“√”
核对信息	再次核对客户现场相关信息与批准的供电方案一致	
验收合格	新建的供电工程已验收合格	
	客户受电工程已竣工验收合格	
	配套工程已竣工验收合格	
合同和费用	供用电合同及有关协议均已签订	
	业务相关费用已结清	
安全措施	客户安全措施已齐备	
	送电前明确本地及对侧的安全措施情况	
	严格监督带电设备、待送电设备与周围设备及工作人员的安全距离是否足够，不得操作客户设备	
	所有接地线已拆除	
	所有无关人员已离开作业现场	
电源信息	对有临时用电的客户，确认临时用电已经销户停电、拆除接入点	
	检查客户自备应急电源与电网电源之间的切换装置和联锁装置是否可靠	

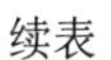

续表

检查内容	检查标准	完成请打“√”
送电方案	现场已具备接电条件，搭接已完成或搭接计划已审批通过	
	启动送电方案已审定	
计量装置	电能计量装置已安装检验合格	
	核查电能计量装置的封印等齐全	
一次设备	检查一次设备是否正确连接，送电现场是否工完、料尽、场清	
二次设备	检查所有保护设备是否投入正常运行，直流系统运行是否正常	
操作人员	确认计划送电人员到位	
	客户电气工作人员相关资质具备	
	操作人员精神状态良好，满足送电要求	
调度情况	核实专线客户已与电力调度部门签订调度协议，调度通信正常	
送电情况	全面检查一次设备的运行状况	
	核对一次相位、相序	
	检查电能计量装置、现场服务终端，运转、通信是否正常，相序是否正确	
其他		

7.11 业扩报装现场作业安全卡（范本模板）

业扩报装现场作业安全卡

单位：　　　　　　　　　　　　　　　　　　　　　　　　　　编号：

<table>
<tr><td>客户名称</td><td></td><td>户号</td><td></td><td>地址</td><td colspan="3"></td></tr>
<tr><td>联系人</td><td colspan="3"></td><td>电话</td><td></td><td>业务类型</td><td></td></tr>
<tr><td colspan="4" rowspan="2">工作负责人：</td><td>班组</td><td colspan="3"></td></tr>
<tr><td colspan="2">工作负责人联系电话</td><td colspan="2"></td></tr>
<tr><td colspan="8">工作班成员：　　　　　　　　　　　　　　　　　　共　人</td></tr>
<tr><td colspan="8">工作地点：</td></tr>
<tr><td colspan="8">工作内容：现场勘查□　中间检查□　竣工检验□　送电□　其他□</td></tr>
<tr><td>计划工作时间</td><td colspan="7">自____年___月___日___时___分至_____年___月___日___时___分</td></tr>
<tr><td>序号</td><td colspan="6">工作现场风险点分析</td><td>逐项落实“有/无”</td></tr>
<tr><td>1</td><td colspan="6">现场通道照明不足，基建工地有高空落物、作业人员有碰伤、扎伤、摔伤等风险</td><td></td></tr>
<tr><td>2</td><td colspan="6">现场孔洞未封堵、电缆沟缺少盖板，作业人员有摔伤危险，登高作业有高空坠落风险</td><td></td></tr>
<tr><td>3</td><td colspan="6">高压安全距离不够，安全措施不到位，作业人员有触电和电弧烧伤危险</td><td></td></tr>
<tr><td>4</td><td colspan="6">存在临时供电电源未断开，作业人员有触电和电弧烧伤危险</td><td></td></tr>
<tr><td>5</td><td colspan="6">工作现场清理不到位、临时措施未解除，未达到投运标准</td><td></td></tr>
<tr><td>6</td><td colspan="6">现场安装设备与审核合格的设计图纸不符，私自改变接线方式或运行方式</td><td></td></tr>
<tr><td>7</td><td colspan="6">遮栏、标示牌未设置到位，存在带电设备未有效隔离、作业人员有误碰带电设备触电和误入客户生产危险区域风险</td><td></td></tr>
<tr><td>8</td><td colspan="6">客户有可能存在先接电、后验收的情况，作业人员有触电风险</td><td></td></tr>
<tr><td>9</td><td colspan="6">双电源及自备应急电源与电网电源之间切换装置不可靠</td><td></td></tr>
<tr><td>10</td><td colspan="6">现场安全工器具是否合格</td><td></td></tr>
<tr><td>11</td><td colspan="6">设备金属外壳接地不良，作业人员有触电危险</td><td></td></tr>
<tr><td>12</td><td colspan="6">使用测量器具不规范，作业人员有弧光短路和触电危险。使用不合格工器具，作业人员有触电危险</td><td></td></tr>
</table>

续表

<table>
<tr><td>序号</td><td colspan="2">工作现场风险点分析</td><td>逐项落实
“有/无”</td></tr>
<tr><td>补充事项</td><td colspan="2"></td><td></td></tr>
<tr><td>序号</td><td colspan="2">注意事项及安全措施</td><td>逐项落实并打
“√”</td></tr>
<tr><td>1</td><td colspan="2">进入带电工作现场，要至少两人进行，且身体和精神状态良好</td><td></td></tr>
<tr><td>2</td><td colspan="2">进入作业现场应正确佩戴安全帽，现场作业人员还应穿全棉长袖工作服、绝缘鞋。使用绝缘工具，接触设备金属外壳前应先进行验电</td><td></td></tr>
<tr><td>3</td><td colspan="2">召开开工会，明确工作任务和人员职责分工，进行危险点及安全技术措施交底，现场检查安全措施是否到位，确保现场工作人员做到“五清楚”</td><td></td></tr>
<tr><td>4</td><td colspan="2">送电操作前检查缺陷是否已经整改，电气设备符合国家政策法规，试验项目齐全、结论合格，认真核对电气设备双重编号和设备状态，计量装置配置和接线符合计量规程要求</td><td></td></tr>
<tr><td>5</td><td colspan="2">接触设备的工作，要先停电，验电，装设接地线</td><td></td></tr>
<tr><td>6</td><td colspan="2">供电单位工作人员不得擅自操作客户电气设备</td><td></td></tr>
<tr><td>补充事项</td><td colspan="2"></td><td></td></tr>
<tr><td colspan="2">工作配合人签名（客户）</td><td colspan="2"></td></tr>
<tr><td colspan="2">工作任务和现场安全措施已确认，
工作班成员签名</td><td colspan="2"></td></tr>
<tr><td colspan="4">开工时间：_____年____月____日____时____分；完工时间：_____年____月____日____时____分</td></tr>
<tr><td colspan="4">工作班现场所装设接地线共_____组、个人保安线共______组已全部拆除。
全部工作已于______年_____月_____日_____时_____分结束，工作班人员已全部撤离现场，材料、工具已清理完毕，杆塔、设备上已无遗留物，工作结束</td></tr>
<tr><td colspan="4">工作负责人：</td></tr>
</table>

7.12 变电站（发电厂）第一种工作票（范本模板）

已执行盖 不执行章 作　废

盖 合格 / 不合格 章

变电站（发电厂）第一种工作票

单位：国网杭州供电公司客户服务中心　　　　变电站：110kV会展变电站

编号：HZKF-DKH-201911-BⅠ-08

1. 工作负责人（监护人）：吴×　　　　班组：大客户经理班

2. 工作班人员（不包括工作负责人）：钟××　陆××　陈×

共 3 人。

3. 工作内容和工作地点：110kV会展变电站新增2号主变压器竣工检验

4. 简图：（详见附图）。

5. 计划工作时间：自 2019 年 11 月 6 日 9 时 00 分至 2019 年 11 月 6 日 12 时 00 分。

6. 安全措施（下列除注明的，均由工作票签发人填写，地线编号由许可人填写，工作许可人和工作负责人共同确认后，已执行栏"√"）：

序号	应拉断路器（开关）和隔离开关（闸刀）（注明设备双重名称）	已执行
1	将110kV会展变电站1号主变压器开关、母线压变柜开关、计量柜开关改为冷备用	√
2	将110kV会展变电站进线隔离柜和开关柜改为冷备用	√
3	将110kV开关站至会展变电站进线隔离开关改为冷备用	√
序号	应装接地线或合接地闸刀（注明地点、名称和接地线编号）	已执行
1	在会展变电站110kV进线隔离柜进线侧挂1号接地线一副	√
2	合上会展变电站1号主变压器出线侧接地闸刀	√
序号	应设遮栏和应挂标示牌及防止二次回路误碰等措施	已执行
1	在110kV会展变电站2号主变压器入口处挂"在此工作"标示牌	√
2	在110kV会展变电站进线隔离柜和开关柜、1号主变压器开关操作手柄上挂	√
3	"禁止合闸，有人工作！" 标示牌	√
序号	工作地点保留带电部分和注意事项（签发人填写）	补充工作地点保留带电部分和安全措施（许可人填写）
1	防止内部低压电源倒送电措施，确认自备电源接入开关已断开，并在开关手柄上挂"禁止合闸，有人工作！"标示牌	做好防人身坠入电缆沟安全措施：在无盖板的电缆沟上加设警示围栏
2	进出变电站请随手关门	
3	高压试验时，加强监护	

7. 工作票签发人签名：许××，2019年11月5日15时00分

8. 收到工作票时间：2019年11月5日16时00分

运行值班人员签名：张×（客户值班电工）

9. 确认本工作票1～7项

工作负责人签名：吴×　工作许可人签名：张×（客户值班电工）

许可开始工作时间：2019年11月6日9时10分

10. 确认工作负责人布置的工作任务和安全措施，工作班人员签名：

钟××　　陆××　　陈×

11. 工作负责人变动情况：原工作负责人吴×离去，变更钟××为工作负责人。

工作票签发人：钟××（代签）2019年11月6日10时00分

工作许可人签名：张×（客户值班电工）

12. 工作人员变动情况（变动人员姓名、日期及时间）：

工作人员陆××2019年11月6日10:30变更为葛××

工作负责人签名：钟××

13. 工作票延期：有效期延长到2019年11月6日14时00分。

工作负责人签名：钟××　工作许可人签名：张×2019年11月6日11时30分

13. 每日开工和收工记录（使用一天的工作票不必填写）：

收工时间				工作负责人	工作许可人	开工时间				工作许可人	工作负责人
月	日	时	分			月	日	时	分		
/				/	/	/				/	/

14. 工作终结：全部工作于2019年11月6日13时45分结束。设备及安全措施已恢复至开工前状态，工作人员已全部撤离，材料工具已清理完毕，工作已终结。

工作负责人签名：钟××　　　　工作许可人签名：张×

15. 工作票终结：临时遮栏、标示牌已拆除，常设遮栏已恢复。

接地线编号：1号接地线等共1组、接地闸刀（小车）共1（台）已拆除或拉开。

保留接地线编号：/　等共/组、接地闸刀（小车）共____副（台）未拆除或未拉开。

已汇报调度员/　值班负责人签名：张×　　　　2019年11月6日13时55分

16. 备注：

（1）指定专责监护人徐××负责监护工作期间人员和设备的全过程安全。

（地点及具体工作）

（2）其他事项：（可附页）

/

/

17. 简图

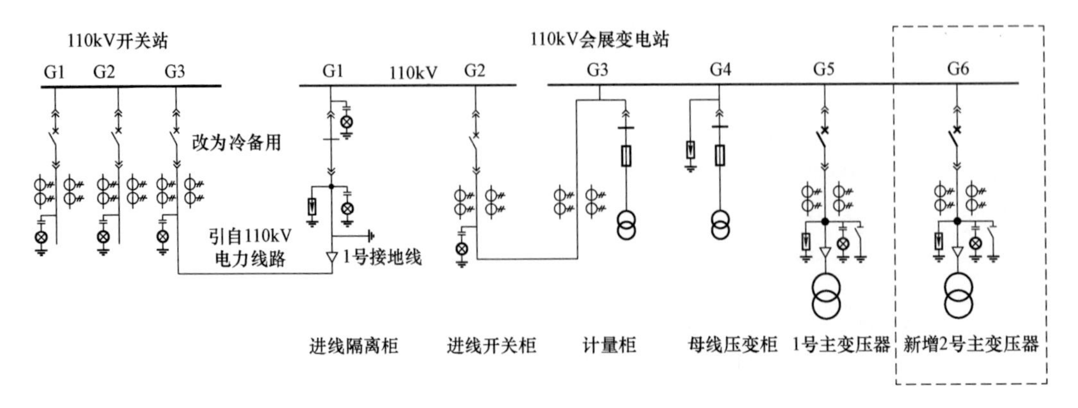
110kV开关站
G1
G2
G3
改为冷备用
引自110kV
电力线路
G1
110kV
G2
1号接地线
110kV会展变电站
G3
G4
G5
G6
进线隔离柜
进线开关柜
计量柜
母线压变柜
1号主变压器
新增2号主变压器

7.13　变电站（发电厂）第二种工作票（范本模板）

已执行盖 不执行章 作　废

盖 合格 不合格 章

变电站（发电厂）第二种工作票

单位：国网杭州供电公司客户服务中心　　变电站：110kV 会展变电站

编号：HZKF－JYJC－201911－BⅡ－07

1. 工作负责人（监护人）：王×　　班组：检验检测班

2. 工作班人员（不包括工作负责人）：陆××　何××

共 2 人

3. 工作内容和工作地点：110kV 会展变电站电能表现场校验

4. 计划工作时间：自 2019 年 11 月 21 日 9 时 00 分至 2019 年 11 月 21 日 12 时 00 分

5. 工作条件（停电或不停电，或临近带电及保留带电设备名称）：不停电

6. 注意事项（安全措施）：

序号	注意事项（安全措施）
1	变电站内一、二次设备均在运行，工作中加强监护，防止误动误碰运行设备
2	工作中请与带电设备保持足够的安全距离：110kV：1.5m
3	进出变电站请随手关门
4	G3 柜柜门处挂“在此工作”标示牌，G2 柜开关柜和 G4 柜母线压变柜柜门处挂“有电，高压危险！”标示牌

工作票签发人签名：邹××　2019 年 11 月 20 日 16 时 00 分

7. 补充安全措施（工作许可人填写）：

序号	补充安全措施
1	无

8. 确认本工作票 1～7 项：

许可开始工作时间：2019 年 11 月 21 日 9 时 10 分

工作许可人签名：张×（客户值班电工）　　工作负责人签名：王×

9. 确认工作负责人布置的工作任务和安全措施：

工作班人员签名：陆××　何××

10. 工作负责人变动情况：原工作负责人 王× 离去，变更 张×× 为工作负责人。

工作票签发人：张××（代签）

2019 年 11 月 21 日 10 时 00 分

11. 工作人员变动情况（添加人员姓名、变动日期及时间）：

工作人员陆××2019 年 11 月 21 日 11:00 变更为张××

。工作负责人签名：张××

12. 工作票延期：有效期延长到 2019 年 11 月 21 日 14 时 00 分。

工作负责人签名：张××

工作许可人签名：张×（客户电工） 2019 年 11 月 21 日 11 时 45 分

13. 每日开工和收工记录（使用一天的工作票不必填写）：

收工时间				工作负责人	工作许可人	开工时间				工作许可人	工作负责人
年	月	时	分			年	月	时	分		
/				/	/	/				/	/
/				/	/	/				/	/

14. 工作终结：全部工作于 2019 年 11 月 21 日 13 时 30 分结束。设备及安全措施已恢复至开工前状态，工作人员已全部撤离，材料工具已清理完毕，工作已终结。

工作负责人签名：张×× 工作许可人签名：张×（客户电工）

15. 备注：

（1）指定专责监护人李×× 负责监护电能表校验时人员和设备的全过程安全。

。（人员、地点及具体工作）

（2）其他事项：（可附页）

/

/ 。

7.14　配电第一种工作票（范本模板）

已执行盖 不执行章 作　废

盖 合格 / 不合格 章

配电第一种工作票

单位：国网杭州供电公司客户服务中心　　编号：HZKF－DKH－201911－PⅠ－07

1. 工作负责人：吴×　　班组：大客户经理班

2. 工作班成员（不包括工作负责人）：钟××　陆××　陈×

共 3 人。

3. 工作任务：

工作地点或设备（注明变（配）电站、线路名称、设备双重名称及起止杆号）	工作内容
10kV 国际会展中心高压配电装置	新增 2 号主变压器竣工检验

4. 计划工作时间：自 2019 年 11 月 6 日 9 时 00 分至 2019 年 11 月 6 日 12 时 00 分

5. 安全措施（应改为检修状态的线路、设备名称，应断开的断路器（开关）、隔离开关（刀闸）、熔断器，应合上的接地刀闸，应装设的接地线、绝缘隔板、遮栏（围栏）和标示牌等，装设的接地线应明确具体位置，必要时可附页绘图说明）

5.1 调控或运维人员（变配电站、发电厂）应采取的安全措施	已执行
将 10kV 高压配电装置 1 号主变压器开关、母线压变柜开关、计量柜开关改为冷备用	√
将 10kV 高压配电装置进线隔离柜和开关柜改为冷备用	√
在高压配电装置 10kV 进线隔离柜进线侧挂 1 号接地线一副	√
合上高压配电装置 1 号主变压器出线侧接地闸刀	√
在 10kV 高压配电装置 2 号主变压器入口处挂“在此工作”标示牌	√
在 10kV 高压配电装置进线隔离柜和开关柜、1 号主变压器开关操作手柄上挂“禁止合闸，有人工作！”标示牌	√

5.2　工作班完成的安全措施	已执行
/	

5.3　工作班装设（或拆除）的接地线			
线路名称或设备双重名称和装设位置	接地线编号	装设时间	拆除时间
/	/	/	/

续表

5.4 配合停电线路应采取的安全措施	已执行
将10kV国际会展中心开关站至高压配电装置进线隔离柜开关改为冷备用	√

5.5 保留或邻近的带电线路、设备：

无。

5.6 其他安全措施和注意事项：

高压试验加强监护。

工作票签发人签名：许××　2019年 11月 5日15 时30分

工作负责人签名：吴×　2019年 11月 5日15 时 00分

5.7 其他安全措施和注意事项补充（由工作负责人或工作许可人填写）：

在无盖板的电缆沟上加设警示围栏，防止工作人员坠入电缆沟。

6. 工作许可：

许可的线路或设备	许可方式	工作许可人	工作负责人签名	许可工作的时间
10kV国际会展中心高压配电装置	书面	张× （客户值班电工）	吴×	2019年11月6日9时15分
				年　月　日　时　分
				年　月　日　时　分
				年　月　日　时　分

7. 工作任务单登记：

工作任务单编号	工作任务	小组负责人	工作许可时间	工作结束报告时间
/				

8. 现场交底，工作班成员确认工作负责人布置的工作任务、人员分工、安全措施和注意事项并签名：

钟××　陆××　陈×

9. 人员变更：

9.1 工作负责人变动情况：原工作负责人吴×离去，变更 钟××为工作负责人。

工作票签发人：钟××（代签）　2019年 11月 6日10 时 00分

原工作负责人签名确认：吴×　　新工作负责人签名确认：钟××　　2019年 11月 6日10 时 02分

9.2 工作人员变动情况：

新增人员	姓名	葛××	/			
	变更时间	2019年11月6日 10:30	/			

续表

离开人员	姓名	陆××	/			
	变更时间	2019 年 11 月 6 日 10:30	/			

工作负责人签名：钟××

10. 工作票延期：有效期延长到 2019 年 11 月 6 日 14 时 00 分。

工作负责人签名：钟×× 2019 年 11 月 6 日 11 时 45 分

工作许可人签名：张×（电工） 2019 年 11 月 6 日 11 时 46 分

11. 每日开工和收工记录（使用一天的工作票不必填写）：

收工时间	工作负责人	工作许可人	开工时间	工作许可人	工作负责人

12. 工作终结：

12.1 工作班现场所装设接地线共 / 组、个人保安线共 3 组已全部拆除，工作班人员已全部撤离现场，材料工具已清理完毕，杆塔、设备上已无遗留物。

12.2 工作终结报告：

终结的线路或设备	报告方式	工作负责人	工作许可人	终结报告时间
10kV 国际会展中心高压配电装置	书面	钟××	张×（电工）	2019 年 11 月 6 日 13 时 45 分
				年 月 日 时 分
				年 月 日 时 分
				年 月 日 时 分

13. 备注：

13.1 指定专责监护人徐×× 负责监护 10kV 国际会展中心高压配电装置 2 号主变压器竣工检验工作全过程工作（地点及具体工作）

13.2 其他事项：无。

附图

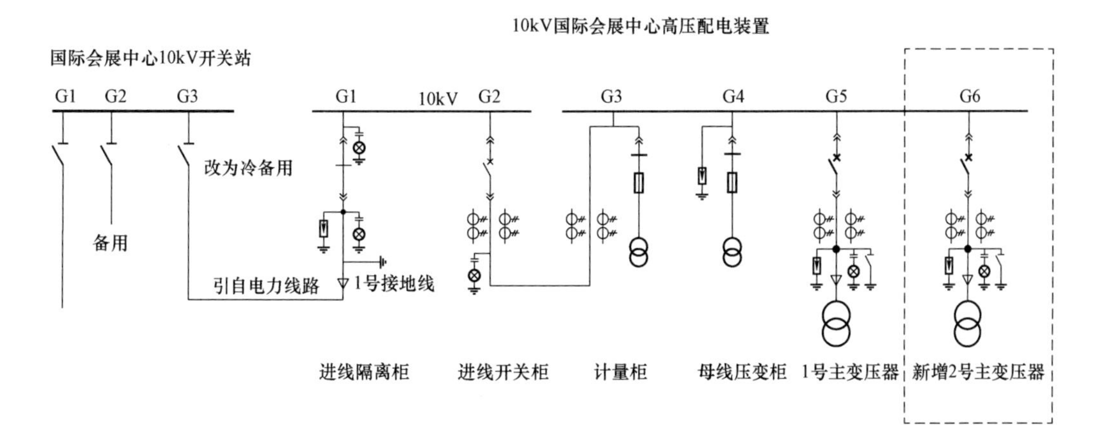

7.15 配电第二种工作票（范本模板）

已执行盖 不执行章 作　废

合格 盖　　章 不合格

配电第二种工作票

单位：国网杭州供电公司客户服务中心　　　　编号：HZKF－JYJC－201911－PⅡ－07

1. 工作负责人：王×　　　　班组：检验检测班

2. 工作班成员（不包括工作负责人）：陆××　何××

共 2 人。

3. 工作任务：

工作地点或设备［注明变（配）电站、线路名称、设备双重名称及起止杆号］	工作内容
10kV 国际会展中心高压配电装置	电能表现场校验

4. 计划工作时间：自 2019 年 11 月 21 日 9 时 00 分至 2019 年 11 月 21 日 12 时 00 分

5. 工作条件和安全措施（必要时可附页绘图说明）

10kV 国际会展中心高压配电装置不停电，配电房内一、二次设备均在运行，工作中加强监护，防止误动误碰运行设备；工作中请与带电设备保持足够的安全距离：10kV：0.7m；

G3 柜柜门处挂“在此工作”标示牌，G2 柜开关柜和 G4 柜母线压变柜柜门处挂“有电，高压危险！”标示牌。

工作票签发人签名：邬××，2019 年 11 月 20 日 15 时 30 分

工作负责人签名：王×　2019 年 11 月 20 日 15 时 30 分

6. 现场补充的安全措施：

无。

7. 工作许可：

许可的线路或设备	许可方式	工作许可人	工作负责人签名	许可工作的时间
10kV 国际会展中心高压配电装置	书面	张×（客户电工）	王×	2019 年 11 月 21 日 9 时 10 分
				年 月 日 时 分
				年 月 日 时 分
				年 月 日 时 分

8. 现场交底，工作班成员确认工作负责人布置的工作任务、人员分工、安全措施和注意事项并签名：

陆××　何××

工作开始时间：2019 年 11 月 21 日 9 时 15 分　工作负责人签名：王×

9. 工作票延期：有效期延长到 2019 年 11 月 21 日 14 时 00 分

工作负责人签名：王×　　2019 年 11 月 21 日 11 时 45 分

工作许可人签名：张×（电工）　　2019 年 11 月 21 日 11 时 46 分

10. 工作完工时间：

2019 年 11 月 21 日 13 时 30 分　　　　　　　工作负责人签名：王×

11. 工作终结：

11.1　工作班人员已全部撤离现场，材料工具已清理完毕，杆塔、设备上已无遗留物。

11.2　工作终结报告：

终结的线路或设备	报告方式	工作负责人	工作许可人	终结报告时间
10kV 国际会展中心 高压配电装置	书面	王×	张×（电工）	2019 年 11 月 21 日 13 时 45 分
				年　月　日　时　分
				年　月　日　时　分

12. 备注：

12.1　指定专责监护人李×× 负责监护电能表检测时人员和设备的全过程安全。（地点及具体工作）

12.2　其他事项：无。